2歲起小朋友最愛的蛋糕、麵包和餅乾

營養食材＋親手製作＝愛心滿滿的媽咪食譜

王安琪 著

U0084884

序

為孩子們把關，吃點心也能吃得很健康

我常想：「市售點心這麼方便，還有誰願意花時間自己動手做點心？」這個問題一直浮現在腦海。大賣場或便利商店琳琅滿目的包裝食品，隨手一拿就是滿滿一車，這樣的現象似乎已經成了現代人的反射動作。孩子在這種環境下長大，永遠都是扮演一個末端消費者，不了解也不在乎食物的來源，不懂得製作過程的辛苦和樂趣，以為食物的價值僅只是消費後獲得的商品，三餐只是在滿足想吃的慾望而已。

其實聰明的父母可以把自家廚房當實驗室，讓小孩體驗食物從零到有的過程。點心是簡單、容易操作而且討喜的食物，幾乎所有的小孩都喜歡做點心，而且點心已經成為現代人飲食習慣的一個環節，讓孩子參與製作過程，了解餅乾、蛋糕的製作方式，品嘗自己做的食物，來感受身為一個產品製造者的心情。

做點心沒有想像中的困難，倒是邀請孩子們參與的過程需要多一點耐心和計畫，避免小孩受傷。這本書介紹的都是點心，從餅乾、蛋糕、果醬、果汁，甚至是需要一點點技巧的麵包，都是好吃又好做的種類。我們規劃了油炸的單元篇，建議父母使用健康乾淨的油來製作，偶爾給貝比品嘗油炸食品，同時也藉此機會告訴貝比，為什麼要自己製作油炸點心。

為家人的健康把關，是每位父母的責任，因為孩子的習慣養成大多來自家庭的教育方式，尤其家庭的飲食習慣是全家人健康與否的重要因素，父母對食材多一份敏感，孩子就會多一點幸福，期待愛孩子的你陪孩子一起動手做點心！

最後，感謝我的兩位好友再次陪我一起完成這本書，因為你們的參與，拍照過程順利且充滿歡樂的氣氛！還有感謝少閎和文怡再度給我這個責任，希望我的表現能夠獲得大家的肯定，也希望讀者們不吝賜教，有任何疑問歡迎致電出版社。祝福大家的每一天都幸福、快樂！

親愛的媽咪，製作貝比愛吃的點心時，特別注意以下事項喔！

- ♥ 凡是需要加熱、會燙手的過程，都務必讓貝比離得遠遠的。
- ♥ 從冰箱拿取冰涼的成品時，如果是使用玻璃器皿裝盛的，媽咪自己盡量自己拿，以免貝比打翻而造成割傷等傷害。
- ♥ 點心時間需與正餐時間間隔兩個小時左右，而且點心是淺嘗即止，千萬別給貝比吃得太多，以免影響正餐的食慾。
- ♥ 吃不完的點心可以分給鄰居、親友，或是等待隔天再品嘗，媽咪們千萬別為了可惜而將所有點心吃完，這樣會影響美美的身材喔！
- ♥ 不新鮮或是已經放置很久的食物，也不要因為擔心浪費而硬是下肚，這樣是會影響貝比和自己的健康的。

該怎麼使用這本可愛的點心書呢？

- ♥ 先和貝比一起翻閱、討論，決定想要製作的點心品項。
- ♥ 詳讀材料和做法，並確實備齊工具和材料。
- ♥ 懷著開開心心的心情下廚製作！
- ♥ 本書有規劃適合親子一起動手做的單元，媽咪可以視情況邀請貝比一起製作。

鮮奶	可以使用市售的鮮奶、羊奶、保久乳或是以奶粉沖泡的牛奶，如果是使用奶粉沖泡，以適合全家人飲用的全脂奶粉為最佳。
鮮奶油	使用純正牛乳提煉的動物性鮮奶油，包裝上有註明 UHT。
炸油	書中的炸物皆是使用葵花油來油炸，炸點心的油溫應控制在 180℃左右，並且與炸肉類食品的油分開使用。
吐司	書中多道使用白吐司製作的點心，可以使用家人喜愛的任何種類吐司，全麥、雜糧均可。
美奶滋	購買不含防腐劑且需要冷藏保存的品牌，有蛋無蛋均可。
奶油	本書中所使用的皆為高品質無鹽奶油，需要冷藏保鮮的為佳。如果媽咪使用的是含鹽分的奶油，則將配方中的鹽刪除即可。

CHAPTER 01 下課後！美味營養點心

CHAPTER 02 親子一起來！最受歡迎點心

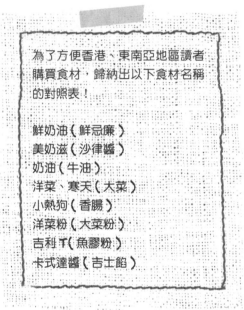

為了方便香港、東南亞地區讀者
購買食材，歸納出以下食材名稱
的對照表！

鮮奶油（鮮忌廉）
美奶滋（沙律醬）
奶油（牛油）
洋菜、寒天（大菜）
小熱狗（香腸）
洋菜粉（大菜粉）
吉利T（魚膠粉）
卡式達醬（吉士餡）

CHAPTER 03 自己做！健康少油點心

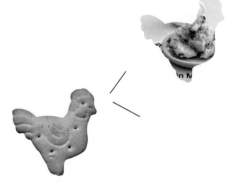

CHAPTER 04 最消暑！冰冰涼涼點心

★★寶寶適合的食材★★

Curry

egg

Banana

Pumpkin

Tomato

Potato

Sweet Potato

For Children!
重要的營養元素

脂肪
Lipids

脂肪可供給身體活動所需的熱能,當飲食中攝取的總熱量超過身體所需時,即轉變成脂肪,儲存在人體的皮下組織和其他身體器官。皮下脂肪有隔絕熱散發的作用,在冬天時可以防止體溫快速散失,維持正常體溫,而內臟器官周圍的脂肪能保護血管及神經系統,避免器官因撞擊而受傷。

維他命
Vitamin

維他命是人體內必需的微量有機物質,用以維持人體正常生理機能的運作,亦即參與蛋白質、脂肪和醣類等三大營養素的新陳代謝。雖然人體能自行合成維他命 D 和菸鹼酸,但是仍舊需要依靠每日三餐的進食,來滿足身體機能運作所需的大部份維他命。維他命分為脂溶性和水溶性兩大類,脂溶性維他命包含 A、D、E、K,水溶性維他命包含 B 群和 C。

蛋白質
Protein

蛋白質是構成生物體最重要的化合物,亦是細胞構成的主要成份,重要性和所佔百分比僅次於水分。我們身體的皮膚、毛髮、器官、血管、神經及大腦,主要都是由蛋白質組成,酵素、荷爾蒙和抗體也都是蛋白質。

醣類
Carbohydrate

由植物葉片內所含的葉綠素進行光合作用,將水與二氧化碳結合後轉化成醣,儲存在根莖、果實或種籽內等部位,因此由植物體行光合作用所產生的醣,是萬物生命能量的來源。醣可以供給能量、調節脂肪代謝,並促進礦物質和維他命的吸收。

礦物質
Minerals

人體內礦物質的含量約佔體重的 4%,是幫助人體機能、器官運作正常的重要物質。體內礦物質有二十多種,以所佔的比例分為主要礦物質和微量礦物質,礦物質在體內構成硬組織,如骨骼和牙齒,也構成軟組織,如神經、肌肉和血液。

TOP 10
不健康的市售食品

1 加工食品

所有以非自然樣貌呈現的食物,都稱作「加工食品」,麵包、饅頭、豆腐和優格也算是加工食品,建議只選擇天然、優良、短製程的加工食品,而且最好是自己製作、加工,這樣不僅安全衛生,也符合低碳節能的原則。營養專家們都在呼籲,盡量減少消費過度加工的食品。何謂過度加工?使用防腐劑、乳化劑、化學原料,或是由食物萃取出來再進行合成的,都屬於過度加工,通常這類食品的材料來源不明確,加工過程的衛生條件也令人擔憂。父母們應該與貝比一起下廚,享受烹調與烘焙的樂趣,減少直接買來、打開就吃的消費習慣,如此可以減少攝取不必要的化學加工品,還能增加親子互動的幸福時光。

2 含糖飲料

凡是非天然食物所製作出來,而且添加了精緻糖、糖漿等提味劑的飲料,都屬於含糖飲料。雖然可以請飲料店製作不含糖的飲料,但店內大部份的飲品都是從工廠加工製成,其所含的成份與物料來源皆不明確,令人擔心。每當看到孩子們人手一杯飲料的畫面,總是讓我心疼,好想告訴孩子們,市售的含糖飲料沒有任何營養價值,花錢又傷身,長久下來身體產生糖癮,後續還會衍生許多想像不到的健康、學習和環保問題。父母有責任告訴孩子,身體需要的是乾淨的水,絕不是飲料。

3 氫化油製品

蛋糕上令人垂涎欲滴的擠花奶油、路邊攤和餐廳使用的桶裝沙拉油,以及加工豆類製品內,多含有氫化油。氫化油即是反式脂肪,對健康是一大威脅。氫化油的製品幾乎到處可見,由於政府無力介入管制,民眾只好自己把關,在購買前多想一下,並養成閱讀包裝背後產品原料的習慣,長久下來可以防止氫化油的威脅。

4 速食食品

速食店所有的油炸品,多半是重複使用同一鍋油,並以高溫來油炸。油脂很容易在高溫下變質,只有豬油例外,但是大多數的速食店都使用氫化植物油來油炸,這是因為氫化過的油品較穩定。因此,聰明的父母不應該被電視的廣告所誘惑,要當貝比的把關者,千萬不要貪想速食店的玩具贈品,而將貝比的健康當犧牲品。

5 醃漬食品

醃漬食品為了達到防腐的作用,多大量使用糖或鹽,因此不適合發育成長中的貝比品嘗。父母可能認為極少有機會接觸這類食品,其實配稀飯吃的醬瓜、麵筋、罐頭鮪魚等,都屬於醃漬食品。這類食品並非絕對不能吃,但建議不要太常吃,而且選用合格廠商或是有機認證品牌會更有保障。

6 高鹽·高糖與高油脂食品

泡麵、市售的包裝零嘴,含有防腐劑、色素的熱狗香腸和甜點,以及路邊攤的油炸、油煎食品都屬於此類,盡量避免食用,以免攝取過多鹽份、糖份與油份。

7 煙燻燒烤食品

肉類在經過調味與烹調之後，其散發的香氣讓人抵擋不住，這也是原始祖先為什麼會開始善用火來烹調的主要原因。但是，現代研究發現，肉類遇到高溫會變質，常吃這類食物容易造成內臟器官的負擔。最害怕的是小貝比一旦愛上這一味，口腔內的咀嚼系統就會對高纖維的蔬菜水果產生排斥，變成挑食一族，長久下來飲食習慣偏頗，將不利於學習和成長。

8 缺乏衛生管制的食品

這裡指的是可以長期放置在室溫下而不變質的食物，如沒有合格標章的肉鬆、加工肉乾，以及大量進口之後又再次分裝的食品，如水果乾、魷魚絲，這些都屬於缺乏衛生管制的食品。而每個人從小到大接觸不少這一類的食品，沒有吃出健康問題只能算是運氣好，最好的辦法是盡量少碰。

9 精緻食品

市售的冰淇淋、蛋糕、餅乾、巧克力、糖果等皆屬於精緻食品，包括以全白麵粉、全白米和精緻糖製作而成的都屬於精緻食品。市售的精緻食品為了延長保存期限或是提升口感，通常會添加防腐劑和添加劑，因此，建議父母們盡量少買精緻食品，大部分的精緻食品空有熱量、沒有營養，當身體所需的熱量被這些食品給填補後，真正營養的食物卻吃不下了，導致營養素缺失，還有引發肥胖的危機，甚至是影響學習力和專注力。

10 過期食品

沒有標註製造日期、保存期限的食品，如市場和大賣場販售的零散糖果、餅乾、瓜子，都很可能有此潛在的問題。此外，這些食物攤開放在常溫下，人來人往、空氣汙濁，衛生條件令人擔憂。

TOP10
適合用來做點心的健康食材

1 有機麵粉

有機認證的麵粉以及其他粉料，在種植過程中沒有噴灑農藥，製作過程也沒有添加漂白劑和防腐劑，保留了最多的營養和植物蛋白質，對家人的健康是一大保障。

2 有機調味料

包括糖、鹽、天然酵母粉和不含鋁的泡打粉，以及有機認證的蜂蜜、楓糖、黑糖和冰糖，都很適合用來製作點心。有機糖品保留了更多的有機質，讓身體攝取的不僅是熱量而已，還有無數微量的礦物質，幫助細胞正常運作。

3 新鮮雞蛋

選購健康雞隻所生產的雞蛋，通常外型較小、顏色偏灰色的為佳。雞蛋可以提供身體所需的蛋白質和其他營養素，而新鮮雞蛋所提供的營養會更多。在製作點心時務必教導貝比，碰過雞蛋的手一定要清洗乾淨，因為蛋殼和生蛋裡面都有細菌。

4 蔬菜

有機農場所生產的蔬菜是製作點心最好的食材，有機栽培的蔬菜營養價值更高，口感也更好，用有機蔬菜製作點心，香氣會更加濃郁。此外，也不用擔心農藥的問題，吃得更安心。

5 根莖類

包括地瓜、芋頭、馬鈴薯、甜菜根、蓮藕、紅蘿蔔等，都很適合磨成泥以後與粉類混合，製作出好吃的點心。根莖類食材直接被大地的土壤涵養滋長，因此有一股來自土地的芬芳，如果貝比不喜歡吃，應該找機會帶貝比去農場、鄉下或山上走走，接觸自然環境，藉此教導貝比認識食材、愛上食物。

6 優格

使用牛奶或豆漿添加好的乳酸菌製作而成。優格可以當作平時下課後的點心，也可以替代高熱量的鮮奶油，製成冰淇淋。好的乳酸菌可以幫助腸道正常蠕動，避免貝比便秘，並且改善過敏反應，提高免疫力。

7 堅果・豆類

綜合堅果非常適合當點心的原料，堅果內所含的油脂皆為不飽和脂肪酸，對人體有益，而且堅果熱量高，只要攝取少量就會有飽足感。只是堅果的質地比較硬，必須確定貝比的牙齒長得很健全了，才可以給貝比食用。豆類則是包括了各種顏色的豆子，像是夏天常喝的綠豆湯，清涼退火；冬天喝的紅豆湯，則能暖胃補氣。

9 鮮奶・豆漿水

一種是動物性蛋白質，一種是植物性蛋白質，兩種都可提供豐富且高品質的蛋白質。人體攝取的蛋白質進入體內後會分解為氨基酸，幫助人體成長發育和修復組織，構成身體重要的生理活性物質的成份，並供給能量，因此選購好品質的鮮奶和豆漿，就如同喝好水一樣重要。

8 水果

盡量選用當季且在地的水果，最常用來製作點心的水果有香蕉、蘋果、柳丁、奇異果和西瓜等。新鮮的水果富含植化素和纖維，天然的芬芳氣味讓人神清氣爽，天然的果糖提供大腦所需的養分，如果稍加變化製作成點心，更吸引貝比大口品嚐。

10 洋菜・寒天

含有天然植物纖維，可以用來製作果凍、果汁和多種點心，熱量低、價格便宜，與此類食物有相同功效的還包括黑、白木耳，以及珊瑚草、愛玉籽。

一起來認識工具 Tools

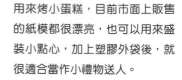

← 紙模

用來烤小蛋糕，目前市面上販售的紙模都很漂亮，也可以用來盛裝小點心，加上塑膠外袋後，就很適合當作小禮物送人。

↑ 吐司模

製作吐司的模具，一般烘焙材料行均有販售，價格也不貴。

布丁模 ↗

烤布丁的好幫手，建議可以買數個備用，一次烘烤多個，可以減少開啟烤箱的次數。

↑ 焗烤皿

耐烤的容器之一，需要長時間烘烤時，就能派上用場。

冰棒模 →

製作冰棒時不可缺少的模具，一般賣場都有販售，圖樣很豐富，可以帶著小朋友一起去挑選。

↑ 湯鍋

用來汆燙食材、煮沸鮮奶等，功能多元。

↗ 平底鍋

沒有烤箱時，平底鍋是個方便的替代工具，用平底鍋也能做出美味的點心。

↗ 平漾盤

一般都是用來烘烤餅乾、麵包等，一般烘焙材料行均有販售。

↗ 貝殼模

製作貝殼蛋糕用的模具，烤出來的成品很可愛，通常小朋友都會喜歡。

↑ 量匙

簡易的定量工具，市面上有各種材質的量匙，選用自己偏好使用的即可。

← 磅秤

測量材料的重量，使用磅秤來秤量，克數才會準確，自然也減低了失敗的機率。

↑ 鳳梨酥模

除了常見的圓形跟方形之外，還有各種形狀的模型，可以製作出可愛形狀的鳳梨酥。

餅乾模

字母模

數字模

做餅乾時將麵糰壓出形狀的模具，由於形狀多變，所以也是增加做點心樂趣的妙方。

CHAPTER 01
下課後！美味營養點心

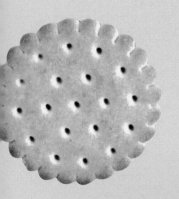

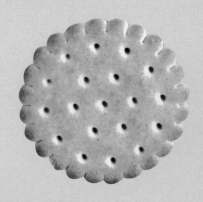

下課後，
也是小朋友肚子開始咕嚕咕嚕叫的時候，
這時最適合帶有飽足感的營養點心了，
菠菜蜂蜜蒸蛋糕、水果夾心三明治、
麻花豆奶麵包都是很棒的選擇，
營養又健康！

水果夾心三明治
Fruit Sandwich

軟綿綿的吐司搭配新鮮水果，每咬一口都嘗得到香甜滋味。

做法
How To Make

01　奇異果和香蕉去皮；草莓去蒂頭，洗淨並擦乾。

02　香蕉、草莓和奇異果都切薄片。

03　四片吐司抹上美奶滋，其中三片各放上一種水果並撒上糖粉，疊起。(圖 1)

04　蓋上最後一片吐司，並插入牙籤，用鋸齒刀切掉四個邊之後，再將吐司切成四等份，即可放置在盤上。(圖 2)

圖 1

圖 2

 食用年齡
3 歲以上

 份量
2 人份

 材料
香蕉 1 根、草莓 3 顆、奇異果 1 顆、美奶滋 2 小匙、糖粉 2 小匙、薄片吐司 4 片、可愛造型牙籤 4 支

冰淇淋聖代麵包
Ice Cream Sundae Bread

媽咪小叮嚀 Mama's Tips

這是一道適合多人聚會時端出來的驚喜點心，可以代替生日蛋糕，當作慶生會的主角點心。

當吐司與冰淇淋在口中合而為一，美妙滋味不言可喻！

做法
How To Make

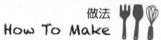

01 把吐司內部挖空，變成可以放冰淇淋的容器。挖出來的吐司肉先存放起來，可以當作吐司布丁的材料。（圖 1）

02 吐司容器放入小烤箱略烤 5 分鐘，讓吐司帶有脆脆的口感。

03 把冰淇淋舀入吐司內，再淋上巧克力醬及搭配新鮮水果，即可品嘗。

圖 1

ages 食用年齡
3 歲以上

Quantity 份量
3 人份

Ingredients 材料
厚度約 7～8 公分的厚片吐司 1 片、不限口味的冰淇淋 4～5 球、巧克力淋醬 1 小匙、季節水果適量

017

桂圓核桃鬆糕
Dried Longan Walnut Cake

帶著飽滿的桂圓香與核桃香，
相當美味！

妈咪小叮嚀 Mama's Tips

建議把桂圓肉切碎後再加
入，這樣品嘗時，每一口都
能吃到香甜的桂圓肉。

做法
How To Make

01 將奶油和鮮奶倒入鍋中，以小火
煮至奶油融化後，加入桂圓肉，續
煮至略收汁，關火。

02 將材料 (1) 放入攪拌盆，用電動打
蛋器打至蛋液膨脹、顏色變淡的鬆
發狀態。

03 材料 (2) 混合過篩加入做法 02，
拌勻後與做法 01 分次混合，再加
入切碎的核桃，即成麵糊。

04 把麵糊倒入蛋糕紙模，放入微波
爐以強火加熱 2 分鐘，確認蛋糕不
沾黏即可取出。

ages　食用年齡
　　　2 歲以上

Quantity　份量
　　　　　2 人份

Ingredients　材料
無鹽奶油 35 克、鮮奶 50c.c.、桂圓肉 75 克、
核桃 35 克
(1) 蛋白 1 個、雞蛋 2 個、細糖 35 克、鹽 1/4 小匙
(2) 低筋麵粉 65 克、泡打粉 1/4 小匙

營養 memo
核桃的營養價值相當高，富
含必需脂肪酸、蛋白質，以
及鈣、鎂、鋅、磷等多種礦
物質，能預防心血管疾病。

海綿蛋糕
Sponge Cake

媽咪小叮嚀 Mama's Tips

利用微波爐快速加熱的原理，讓肚子餓的貝比很快就能品嘗到媽咪的好手藝。

快速又好吃，只要加熱 2 分鐘，香噴噴的海綿蛋糕就出爐囉！

做法
How To Make

01 以隔水加熱的方式融化無鹽奶油，並保溫備用。

02 將材料 (1) 放入攪拌盆，用電動打蛋器打至蛋液膨脹、顏色變淡的鬆發狀態。

03 將材料 (2) 混合過篩加入做法 02，拌勻之後加入香草精和做法 01，即成麵糊。

04 將麵糊倒入蛋糕紙模，放入微波爐以強火加熱 2 分鐘，確認蛋糕不沾黏即可取出。

ages 食用年齡
2 歲以上

Quantity 份量
3 人份

Ingredients 材料
無鹽奶油 15 克、香草精 1/2 小匙
(1) 雞蛋 2 個、細糖 35 克
(2) 低筋麵粉 35 克、泡打粉 1/4 小匙、鹽 1/4 小匙

菠菜蜂蜜蒸糕
Spinach Honey Steamed Cake

營養豐富的菠菜蜂蜜蒸糕，
讓小朋友頭好壯壯！

媽咪小叮嚀 Mama's Tips

在蛋糕內加入菠菜，
相信小貝比會樂意品嘗！

做法
How To Make

01 切碎菠菜葉後，以廚房紙巾吸乾
多餘的水份。

02 將蛋白放入攪拌盆，用電動打蛋
器以快速攪拌，出現粗粒泡沫狀時
加入糖，並改中速將蛋白打至乾性
發泡。

03 將材料(1)過篩加入做法 02 拌勻，
接著加入菠菜葉和蜂蜜拌勻，即成
麵糊。

04 將麵糊倒入蛋糕模型後，放在電
鍋蒸架上。

05 外鍋倒入 1 杯水，蓋上鍋蓋按下
啟動鍵，等開關跳起後，取出蛋糕
放置在網架上降溫，即可品嘗。

 食用年齡
2 歲以上

 份量
2 人份

 材料
蛋白 4 個、細糖 35 克、新鮮菠菜葉 2 片、蜂蜜 1 大匙
(1) 低筋麵粉 60 克、泡打粉 1/4 小匙

營養 memo
菠菜擁有豐富的維他命 C、
鐵質、葉酸，適量攝取菠
菜，可以增強孩子的抵抗
力、預防貧血。

玉米煉乳蒸糕
Corn & Condensed Milk Steamed Cake

媽媽小叮嚀 Mama's Tips

如果貝比還小，不妨將玉米粒切得碎碎的，更容易消化。

做法
How To Make

01 將蛋白倒入攪拌盆中，用電動打蛋器快速攪拌，出現粗粒泡沫狀時加入糖，此時改中速，將蛋白打至乾性發泡。

02 材料 (1) 過篩後，加入做法 01 拌勻，接著加入材料 (2) 拌勻，即成麵糊。

03 將麵糊倒入蛋糕模型，表面撒上玉米粒，放在電鍋蒸架上。

04 外鍋倒入 1 杯水，蓋上鍋蓋按下啟動鍵，等開關跳起即取出蛋糕，放置在網架上降溫，脫模後切小塊品嘗。

營養 memo
玉米含有蛋白質、醣類、硒、鎂、鐵、磷等營養素，滋味香甜，除了做點心外，也很適合煮粥及拌炒。

軟軟的口感與煉乳的香甜，
小朋友怎能不喜歡呢？

ages 食用年齡
2 歲以上

Quantity 份量
2 人份

Ingredients 材料
蛋白 4 個、細糖 35 克、玉米粒 1 大匙
(1) 低筋麵粉 60 克、泡打粉 1/4 小匙
(2) 玉米濃湯粉 1 大匙、煉乳 1 大匙

寶寶適合的食材

香蕉
Banana

　　含有蛋白質、天然的蔗糖、果糖、葡萄糖、鉀鹽、維他命 C 和纖維質。表皮帶有黑色斑點的成熟香蕉，所含的蛋白質比表皮青綠的香蕉高四倍，而且多了鈣、磷、鐵和維他命 A 等營養元素。從中醫的觀點來看，香蕉有潤腸通便、潤肺止咳的功效，對於身體虛弱或是活動力旺盛的寶寶而言，具有營養滋補的作用。香蕉的香氣非常吸引人，而且是屬於可以提供飽足感的水果，能夠在早餐或是點心時刻提供剛好的熱量和滿滿的營養。香蕉一年四季不虞匱乏，價格平實、容易取得，建議可以當作家中水果籃內的常備水果。

　　香蕉買回家以後務必直立放置，最好能架起懸空，避免放置在密閉溫暖處，以免太過熱爛而導致腐敗。購買時挑選皮色青黃的為佳，擺在室內幾天後慢慢熟成，再逐一品嘗。已經熟透的香蕉如果實在吃不完，該怎麼辦？沒關係，去皮切片放在夾鏈袋後，放入冷凍庫保存，需要時再取出打成好喝的香蕉奶昔，或是做成香蕉蛋糕給寶寶品嘗吧！建議冷凍時間不要超過 10 天。

　　營養又美味的香蕉還能做什麼點心和菜色呢？參照 p.023，試試這些簡單的料理吧！

菜色 1 香蕉燕麥粥

材料 Ingredients： 即食燕麥片 2 大匙、熱開水 200c.c.、香蕉 1/2 根、營養穀脆片 1 大匙、蜂蜜 1 小匙

做法 How To Make：
1. 將即食燕麥片倒入碗內，沖入熱開水浸泡三分鐘。
2. 香蕉去皮切片，放入碗內，表面撒上營養穀脆片並淋上蜂蜜，即可食用。

菜色 2 香蕉五穀豆奶

材料 Ingredients： 香蕉 1/2 根、煮熟的五穀米 1/3 米杯（160ml）、豆漿 300c.c.

做法 How To Make： 將所有材料放入果汁機仔細攪拌，拌至完全均勻細緻後即可飲用。

菜色 3 香蕉醬佐吐司

材料 Ingredients： 香蕉 1 根、吐司 1 片

做法 How To Make：
1. 香蕉帶皮放入小烤箱烘烤，烤到表皮完全變黑為止。
2. 取出香蕉放在盤上，再將吐司烤至金黃酥脆。
3. 用小刀劃開香蕉皮，用湯匙將香蕉肉刮出成泥狀塗抹在吐司表面，即可品嘗。

菜色 4 香蕉蛋糕

材料 Ingredients： 香蕉 100 克、鬆餅粉 200 克、雞蛋 2 個、牛奶 150c.c.、橄欖油 1 大匙

做法 How To Make：
1. 香蕉壓成泥，雞蛋和牛奶加入香蕉泥內拌勻。
2. 鬆餅粉過篩加入做法 1. 混合，最後加入橄欖油拌勻即成麵糊。
3. 將麵糊平均舀入模型中，放入烤箱以 180℃烘烤 20 分鐘即可。

雞蛋糕
Pan Cake

家裡沒有烤箱也沒關係，
平底鍋就是最佳的工具，
試著使用平底鍋做雞蛋
糕，讓家中飄散滿滿的
香氣。

ages
食用年齡
2 歲以上

Quantity
份量
4 人份（可切 8 等份）

Ingredients
材料
無鹽奶油 30 克、香草精 1/2 小匙
(1) 雞蛋 3 個、細糖 45 克
(2) 低筋麵粉 60 克、泡打粉 1/4 小匙、
鹽 1/4 小匙

媽咪小叮嚀 Mama's Tips

1. 家裡沒有烤箱不代表不能烤蛋糕，平底鍋就是最佳的便利烤箱，聰明的媽咪趕緊來試做吧！
2. 平底鍋蛋糕在燜的過程中，水汽會凝結在鍋蓋上，因此需要勤加擦拭。
3. 最小的爐火意指中心火，如果使用的是電爐，可調整至最微弱的狀態。

做法
How To Make

01 以隔水加熱的方式融化無鹽奶油，並保溫備用。

02 將材料 (1) 放入攪拌盆，底下墊另一盆熱水，用電動打蛋器打至蛋液微溫的程度，移開熱水繼續打至蛋液膨脹、顏色變淡的鬆發狀態。

03 把材料 (2) 混合過篩加入做法 02，拌勻後加入香草精和做法 01，即成麵糊。

04 平底鍋邊緣塗抹少許的油，鍋底鋪一張烘焙紙或是鋁箔紙，此時將麵糊倒入平底鍋，蓋上鍋蓋以最小的爐火烘烤 15 分鐘，關火續燜 10 分鐘，確認蛋糕表面不黏手後，即可取出切片品嘗。（圖 1、圖 2）

圖 1

圖 2

椰奶鬆餅
Coconut Milk Pancake

鬆餅透著椰奶香，每一口都能感受到南洋氣息。

ages
食用年齡
3 歲以上

Quantity
份量
8 人份（約 16 片）

Ingredients
材料
蜂蜜 2 大匙
(1) 低筋麵粉 180 克、奶粉 20 克、玉米粉 1 小匙、泡打粉 1/2 小匙、小蘇打粉 1/4 小匙、香草精 1/4 小匙、鹽少許
(2) 椰奶 100c.c.、雞蛋 1 個、水 75c.c.

1. 這個份量大約可以製作出 16 片左右的椰奶鬆餅（一般尺寸），所以斟酌人數後再製作，或是可以將用不完的麵糊冷藏起來，待隔天製作成早餐。
2. 平底鍋抹少許的油，意思是將廚房紙巾折小張一些，沾取少許的油後，再平均地塗抹在鍋面。麵糊不要調得太稀，以免圖案無法成型，因此不要一次加入所有的水，必須視麵糊的稠度來斟酌。
3. 椰奶的質地比牛奶還濃稠，打開前先搖一搖瓶罐。沒有用完的椰奶倒在保鮮袋冷凍保存，或是倒入製冰盒內凍成椰奶冰塊，平常也可以加入巧克力飲品或奶茶中。
4. 可以使用 200 克的鬆餅粉取代材料 (1) 的所有配方。

做法
How To Make

01　材料 (1) 混合過篩放入攪拌盆，再倒入材料 (2)，用打蛋器混合攪拌均勻後，倒入擠花袋內。

02　平底鍋表面塗抹少許的油，用擠花袋擠出小朋友喜愛的圖案，再將平底鍋放置在爐面上以小火加熱，待表面出現許多泡泡時翻面，再加熱幾秒即可起鍋。（圖 1）

03　品嘗鬆餅的時候可搭配蜂蜜或果醬。

圖 1

橄欖油燕麥片餅乾
Olive Oil Oatmeal Cookie

加入了燕麥片增添口感，
相當美味喔！

充滿橘子香氣的可麗餅，
小朋友一定很喜歡！

橘醬可麗餅
Orange Jam Crepe

橄欖油燕麥片餅乾
Olive Oil Oatmeal Cookie

食用年齡
2 歲以上

份量
8 人份（16 片）

材料
即食大燕麥片 100 克、核桃 75 克、
蔓越莓乾 40 克、豆漿 130c.c.、橄欖油 35c.c.
(1) 低筋麵粉 180 克、糖粉 20 克、
泡打粉 1 小匙、小蘇打粉 1/4 小匙、香草精 1/4 小匙、鹽少許

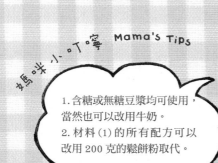

媽咪小叮嚀 Mama's Tips

1. 含糖或無糖豆漿均可使用，當然也可以改用牛奶。
2. 材料 (1) 的所有配方可以改用 200 克的鬆餅粉取代。

做法
How To Make

01　切碎核桃和蔓越莓乾。

02　將材料 (1) 的粉類混合過篩，接著加入香草精和燕麥片混合拌勻。

03　加入豆漿混合，做法 01 也加入混合，最後倒入橄欖油拌成糰。

04　壓扁麵糰用保鮮膜包裹，於室溫下鬆弛 20 分鐘；此時烤箱預熱 180℃，並在烤盤上鋪烘焙紙。

05　取出麵糰分成等量的小塊，排列在烤盤上，用平底的杯子壓扁後，放入烤箱烘烤 15 ～ 20 分鐘，接著取出烤好的餅乾，放置在網架上待涼。

營養 memo
燕麥片含有可溶性膳食纖維—
β - 葡聚醣（β-glucan），可以降低膽固醇，減少罹患心血管疾病與中風的機率。燕麥片的蛋白質含量相當豐富，是種相當棒的食材。

橘醬可麗餅
Orange Jam Crepe

 ages　食用年齡
2 歲以上

Quantity　份量
4 人份（8 片）

Ingredients　材料
(1) 低筋麵粉 100 克、泡打粉 1/2 小匙、小蘇打粉 1/4 小匙、鹽少許
(2) 鮮奶 50c.c.、水 100c.c.、雞蛋 1 個、融化的奶油 15 克
(3) 橘子果醬 4 大匙、柳橙汁 100c.c.

媽咪小叮嚀 Mama's Tips

材料 (1) 的所有配方可以改用 100 克的鬆餅粉取代。

做法
How To Make

01　將材料 (1) 混合過篩放入攪拌盆，材料 (2) 混合攪拌均勻後加入粉料，用打蛋器攪拌均勻，再蓋上保鮮膜靜置鬆弛 30 分鐘 。
02　平底鍋表面塗抹少許的油，熱鍋。
03　取適量的麵糊倒入鍋中，需完全覆蓋住鍋面、形成一個大的圓薄片，煎至餅皮的邊緣微微翻起後，即可取出續煎下一片。
04　將材料 (3) 的果醬和果汁放入鍋中以小火加熱，材料沸騰且略收汁後關火，即成橘醬汁。
05　把薄餅折起或捲起擺入盤中，淋上橘醬汁即可品嘗。

營養 memo
橘子含有豐富的維他命 C，可以增強小朋友的免疫力，還有預防感冒的功效。

鳳梨酥
Pineapple Cake

媽咪小叮嚀 Mama's Tips

因為鳳梨酥的麵糰很軟，會稍微黏手，麵粉不要一次全下，要留下少許當作手粉。

酥香的外皮之下，包裹著柔軟的鳳梨內餡。

做法
How To Make

01 把鳳梨餡分割成 20 克的小塊，搓圓備用。

02 奶油切小塊放入攪拌盆，再加入糖粉，用電動打蛋器充分攪拌軟化、鬆發。

03 蛋黃一次加入一個，接著充分攪拌均勻。

04 麵粉和起司粉過篩後加入，用橡皮刮刀以翻拌按壓的方式將材料拌成糰。

05 把麵糰分成 30 個，每個麵糰包入一個鳳梨餡，收口搓圓，再壓入模型中整型。(圖1)

06 烤盤鋪上烘焙紙，烤箱預熱至 180℃。

07 把材料連同模型整齊地排列在烤盤上，放入烤箱烘烤，烤至 12 分鐘的時候翻面，續烤 10 分鐘，確認表面均勻上色後取出、脫模，放在網架上待涼。

ages 食用年齡
2 歲以上

Quantity 份量
10 人份 (30 個)

Ingredients 材料
無鹽奶油 250 克、蛋黃 5 個、糖粉 125 克、低筋麵粉 450 克、起司粉 45 克、市售鳳梨餡 600 克

圖1

豆沙銅鑼燒
Red Bean Paste Dorayaki

香甜不膩的紅豆餡，
讓人一個接著一個停不下口。

媽咪小叮嚀 Mama's Tips

讓麵糊鬆弛的這個過程，
是要讓泡打粉和小蘇打粉
產生作用，讓煎出來的成
品色澤更飽滿，孔洞也分
佈得更為平均。

做法
How To Make

01 將材料 (1) 混合過篩放入攪拌盆，
材料 (2) 混合攪拌均勻之後加入粉
料，用打蛋器攪拌均勻，再蓋上保
鮮膜靜置鬆弛 30 分鐘。

02 平底鍋表面塗抹少許的油，熱鍋。

03 用湯匙把麵糊舀入鍋中，煎成直徑
約 6～7 公分的圓片狀，全部煎好
之後，於兩片之間抹上豆沙餡。

食用年齡
2 歲以上

份量
8 人份

材料
市售紅豆沙餡 200 克
(1) 低筋麵粉 180 克、奶粉 20 克、玉米粉 1
小匙、泡打粉 1 小匙、小蘇打粉 1/4 小匙、香
草精 1/4 小匙、鹽少許
(2) 黑糖蜜 25 克、水 125c.c.、雞蛋 1 個

033

軟綿綿的吐司布丁，
是大朋友小朋友都喜歡的點心。

吐司布丁
Toast Pudding

ages
食用年齡
2 歲以上

Quantity
份量
2 人份

Ingredients
材料
水蜜桃、草莓適量
(1) 切下的吐司邊、吐司肉共 200 克
(2) 鮮奶 240c.c.、鮮奶油 120c.c.、細糖 1
大匙、雞蛋 2 個

媽媽咪小叮嚀 Mama's Tips

如果家中沒有鮮奶油，也可以使用鮮奶取代鮮奶油，這樣並不會影響成品的成敗，差別只是在於口感的滑潤度。

做法
How To Make

01 材料 (1) 撕小塊放入烤皿內，此時烤箱預熱至 160℃，準備另一個深的烤盤，並注入熱水。

02 材料 (2) 混合拌勻之後，使用細目濾網過濾，再倒入烤皿內。

03 烤皿表面覆蓋鋁箔紙送入烤箱，以隔水烘烤的方式，烤約 30 分鐘；取出之前可稍微搖晃烤皿，確認蛋奶汁凝固了即可取出，品嘗前再以水果裝飾，冷熱皆宜。

營養memo
牛奶是良好的鈣質來源，對於成長中的孩子來說，有助於骨骼發育，以及維持牙齒的健康。

鮮奶吐司
Milk Toast

奶香濃郁的鮮奶吐司，
可以攝取到滿滿的營養！

ages
食用年齡
2 歲以上

Quantity
份量
8 人份（2 模）

mode
模型尺寸
長 9 公分、寬 17 公分、
高 6 公分

Ingredients
材料
鮮奶 160c.c.、無鹽奶油 45 克、
表面塗抹用的蛋液 1 小匙
(1) 高筋麵粉 300 克、雞蛋 50 克、
細糖 15 克、速發乾酵母 1 小匙、
鹽 1/4 小匙

媽咪小叮嚀 Mama's Tips

製作發酵類的麵包、饅頭或
是包子等點心，都需要耐心
等候麵糰發酵，而發酵的狀
況與溫度、濕度息息相關，
這又得靠經年累月的練習才
能掌握得宜。因此建議初學
這類點心的媽媽們，盡量挑
選好天氣來製作，如此一來
成功率高，也會讓心情變得
更好。

做法
How To Make

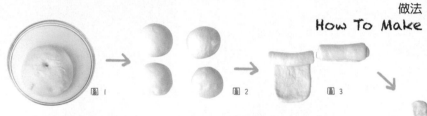

圖 1　圖 2　圖 3

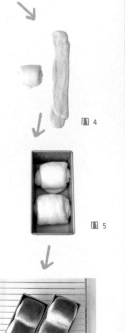

圖 4

圖 5

圖 6

01　鮮奶加熱至微溫（40℃），約略比體溫高一點。

02　材料(1)放入攪拌盆，倒入溫鮮奶，把材料揉成糰。(圖1)

03　加入奶油，繼續搓揉，直到麵糰成為表面光滑、有彈性
　　的狀態。

04　把麵糰放在盆中，蓋上保鮮膜放置在 30 ～ 35℃的溫暖
　　環境下，進行第一次發酵，時間大約是 60 分鐘，最久
　　不要超過 90 分鐘。

05　取出麵糰放置在工作台上，輕輕擠出膨脹麵糰內的空
　　氣，並將麵糰分成四等份，每一等份都搓圓，收口朝下
　　蓋上保鮮膜，靜置鬆弛 15 分鐘。(圖2)

06　工作台上撒少許高筋麵粉，將麵糰壓扁、擀平、捲起。
　　收口朝上，再次擀平(圖3)、捲起(圖4)，並放入模型中。
　　(圖5)

07　蓋上保鮮膜或是乾淨的濕巾，放置在 38 ～ 40℃的溫暖
　　環境下，進行第二次發酵，時間大約是 60 分鐘，最久
　　不要超過 90 分鐘。

08　發酵完成前的 10 分鐘開啟烤箱預熱，溫度 170℃。麵
　　糰表面塗抹蛋液，待烤箱預熱完畢，即可將麵糰送入烤
　　箱，烘烤 35 ～ 40 分鐘，烤好取出放在網架上。(圖6)

燕麥葡萄乾吐司
Oats Raisin Toast

滋味豐富的燕麥葡萄乾吐司，
再來杯牛奶就是美好的下午茶囉！

ages
食用年齡
2 歲以上

Quantity
份量
8 人份（2 模）

mode
模型尺寸
長 9 公分、寬 17 公分、高 6 公分

Ingredients
材料
鮮奶 170c.c.、無鹽奶油 45 克、小顆葡萄乾 60 克、表面塗抹用的蛋液 1 小匙
(1) 高筋麵粉 300 克、大燕麥片 30 克、雞蛋 50 克、細糖 25 克、 速發乾酵母 1 小匙、鹽 1/4 小匙

媽咪小叮嚀 Mama's Tips

葡萄乾的營養價值高，也很適合用來做點心。

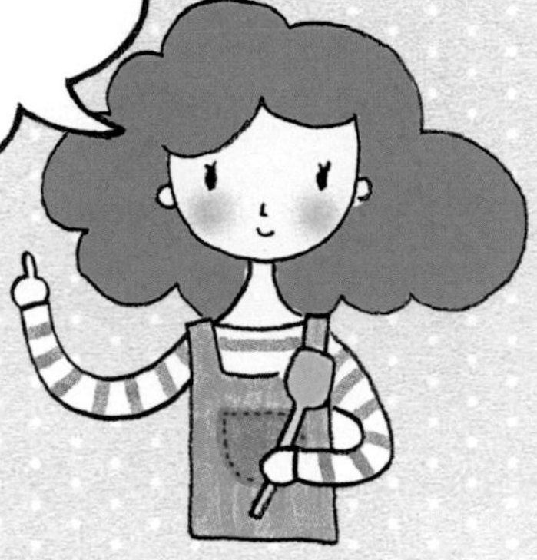

做法 How To Make

01 鮮奶加熱至微溫（40℃），約略比體溫高一點。
02 將材料 (1) 放入攪拌盆，再倒入溫鮮奶，把材料揉成糰。
03 加入奶油，繼續搓揉到麵糰表面變得光滑、有彈性。
04 把麵糰放入盆中，蓋上保鮮膜放置在 30 ～ 35℃的溫暖環境下，進行第一次發酵，時間大約是 60 分鐘，最久不要超過 90 分鐘。
05 取出麵糰放置在工作台上，輕輕擠出膨脹後麵糰的空氣，並將麵糰分成六等份，每一等份都搓圓，再包入葡萄乾，收口朝下蓋上保鮮膜，靜置鬆弛 15 分鐘。（圖 1)
06 工作台上撒少許高筋麵粉，將麵糰壓扁、擀平、捲起。收口朝上，再次擀平、捲起，並放入模型中。（圖 2）
07 蓋上保鮮膜或是乾淨的濕巾，放置在 38 ～ 40℃的溫暖環境下，進行第二次發酵，時間大約是 60 分鐘，最久不要超過 90 分鐘。
08 發酵完成前的 10 分鐘開啟烤箱預熱，溫度 170℃；麵糰表面塗抹蛋液，再用剪刀在表面剪出開口。待烤箱預熱完畢，即可將麵糰送入烤箱，烘烤 35 ～ 40 分鐘。

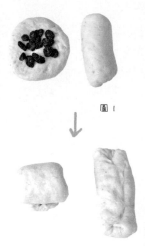

圖 1

圖 2

小熱狗麵包
Small Hot Dog Bread

小熱狗 QQ 的口感與麵包很搭，
深受小朋友們歡迎。

媽咪小叮嚀 Mama's Tips

> 熱狗不一定要切半，喜歡的話，也可以在麵糰裡包入整條熱狗。

ages 食用年齡
2 歲以上

Quantity 份量
3 人份（6 個）

Ingredients 材料
無糖豆漿 210c.c.、無鹽奶油 15 克、表面塗抹用的蛋液 1 小匙、小熱狗 3 支
(1) 高筋麵粉 300 克、細糖 25 克、速發乾酵母 1 小匙、鹽 1/4 小匙

做法
How To Make

01　豆漿加熱至微溫（40℃），約略比體溫高一點。
02　將材料 (1) 放入攪拌盆，倒入溫豆漿，把材料揉成糰。
03　加入奶油，繼續搓揉到麵糰表面變得光滑、有彈性。
04　把麵糰放入盆中，蓋上保鮮膜放置在 30～35℃的溫暖環境下，進行第一次發酵，時間大約是 60 分鐘，最久不要超過 90 分鐘。
05　取出麵糰放置在工作台上，輕輕擠出膨脹後麵糰內的空氣，並將麵糰分成六等份，每一等份都搓圓，收口朝下蓋上保鮮膜，靜置鬆弛 15 分鐘。
06　把熱狗等切成一半，工作台上撒少許高筋麵粉，將麵糰搓成一端寬、一端細的錐狀（圖 1），擀平後在寬的一端放熱狗 (圖 2) 再捲起 (圖 3)。
07　整齊排列在烤盤上，表面蓋上保鮮膜或是乾淨的濕巾，放置在 38～40℃的溫暖環境下，進行第二次發酵，時間大約是 60 分鐘，最久不要超過 90 分鐘。
08　在麵糰表面塗抹蛋液，發酵完成前的 10 分鐘開啟烤箱預熱，溫度 200℃；待烤箱預熱完畢，即可將麵糰送入烤箱，烘烤 15～20 分鐘。

圖 1

圖 2

圖 3

帶著淡淡的豆香，
營養又美味。

豆 奶 麵 包
Soybean Milk Bread

媽咪小叮嚀 Mama's Tips

麵糰切割處如果抹上一點油，折疊的痕跡會更明顯。

ages
食用年齡
2 歲以上

Quantity
份量
4 人份（4 個）

Ingredients
材料
無糖豆漿 210c.c. 、無鹽奶油 15 克、表面
塗抹用的蛋液 1 小匙、白芝麻粒 3 大匙
(1) 高筋麵粉 300 克、細糖 25 克、速發乾
酵母 1 小匙、鹽 1/4 小匙

做法
How To Make

01　豆漿加熱至微溫（40℃），約略比體溫高一點。

02　將材料 (1) 放入攪拌盆，再倒入溫豆漿，把材料揉成糰。

03　加入奶油，繼續搓揉到麵糰表面變得光滑、有彈性。

04　把麵糰放在盆中，蓋上保鮮膜放置在 30 ～ 35℃的溫暖
　　環境下，進行第一次發酵，時間大約是 60 分鐘，最久不
　　要超過 90 分鐘。

圖 1

05　取出麵糰放置在工作台上，輕輕擠出膨脹後麵糰內的空
　　氣，並將麵糰分成四等份，每一等份都搓圓，收口朝下蓋
　　上保鮮膜，靜置鬆弛 15 分鐘。

06　工作台上撒少許高筋麵粉，將麵糰壓扁、揉圓。

07　把麵糰從中間切開但是不切斷（圖 1），並將切開的部份
　　折疊起來（圖 2）。

08　在麵糰表面塗抹蛋液，沾上白芝麻粒，整齊排列在烤盤
　　上。表面蓋上保鮮膜或是乾淨的濕巾，放置在 38 ～ 40℃
　　的溫暖環境下，進行第二次發酵，時間大約是 60 分鐘，
　　最久不要超過 90 分鐘。

圖 2

09　發酵完成前的 10 分鐘開啟烤箱預熱，溫度 200℃；待烤
　　箱預熱完畢，即可將麵糰送入烤箱，烘烤 15 ～ 20 分鐘。

蕃茄肉醬披薩
Tomato Meat Sauce Pizza

蕃茄與肉醬的經典組合，
是款接受度相當高的披薩！

ages
食用年齡
3 歲以上

Quantity
份量
6 人份（3 片）

1. 如果是要搭配義大利麵來使用，蕃茄肉醬就不需要炒至收汁狀態。
2. 只要刪除配方中的肉類，就成了基本的披薩紅醬。

Ingredients
材料
麵糰
溫水 210c.c.、披薩起司 120 克
(1) 高筋麵粉 300 克、速發乾酵母 1/2 小匙、鹽 1/4 小匙、橄欖油 15 克
蕃茄肉醬
蕃茄 600 克、豬絞肉 300 克、大蒜末（2 瓣的份量）、洋蔥 1/2 顆、蕃茄醬 1 杯（240ml）、市售高湯 1/3 杯、義大利綜合香料 1/2 小匙、料理酒 1 大匙、鹽及黑胡椒粉各 1/4 小匙、橄欖油 2 大匙

做法
How To Make

01　將材料 (1) 放入攪拌盆，倒入溫水，把材料揉成糰，並繼續搓揉到麵糰表面變得光滑、有彈性。

02　把麵糰放入盆中，蓋上保鮮膜放置在 30 ～ 35℃的溫暖環境下，進行第一次發酵，時間大約是 30 ～ 40 分鐘。（圖 1）

03　取出麵糰放置在工作台上，輕輕擠出膨脹後麵糰內的空氣，並將麵糰分成三等份，每一等份都搓圓，收口朝下蓋上保鮮膜，靜置鬆弛 15 分鐘。（圖 2）
　　* 做到這個步驟後可以將麵糰包好，放入冰箱冷凍，等待要製作披薩時再拿出來解凍。

04　取出麵糰擀平並放在烤盤上，鋪上蕃茄肉醬、撒上起司，放置在 38 ～ 40℃的溫暖環境下，進行第二次發酵，時間大約是 60 分鐘。

05　發酵完成前的 10 分鐘開啟烤箱預熱，溫度 200℃；待烤箱預熱完畢，即可將麵糰送入烤箱，烘烤 15 ～ 20 分鐘。

圖 1　　圖 2

蕃茄肉醬

01　在蕃茄底部劃一個淺淺的十字後，放入滾水汆燙幾分鐘，待蕃茄的皮翻起即可關火。取出蕃茄剝掉外皮和蒂頭，把蕃茄果肉切碎，備用。

02　大蒜和洋蔥也切碎。

03　將橄欖油倒入炒鍋，洋蔥和大蒜放入炒軟，加入絞肉續炒，炒到看不見生肉的粉紅色，再加入蕃茄、蕃茄醬和高湯炒至沸騰。

04　轉小火，加入料理酒、鹽、胡椒和義大利香料，炒至材料收汁即可關火。

蘑菇青蔬披薩清爽不膩口，
好吃又健康。

蘑 菇 青 蔬 披 薩
Mushroom Vegetable Pizza

夏威夷披薩
Hawaii Pizza

使用了小朋友喜歡的鳳梨與火腿，再搭配上蝦仁與黑橄欖，豐富的配料令人相當滿足！

蘑菇青蔬披薩
Mushroom Vegetable Pizza

 ages　食用年齡
3 歲以上

Quantity　份量
6 人份（3 片）

Ingredients　材料
溫水 210c.c.、蘑菇 100 克、綠花椰菜 75 克、青豆仁 2 大匙、胡蘿蔔 40 克、橄欖油 1 小匙、鹽 1/4 小匙、披薩紅醬 3 大匙、披薩起司 120 克
(1) 高筋麵粉 300 克、速發乾酵母 1 小匙、鹽 1/4 小匙、橄欖油 15 克

媽咪小叮嚀 Mama's Tips

可以選用貝比喜歡的蔬菜，增加他們吃的意願。

做法
How To Make

01　麵糰做法同 p.045，披薩紅醬可以買市售的。

02　蘑菇切片、綠花椰菜切小朵、胡蘿蔔切片，將蔬菜放入滾水中汆燙，沸騰後即立刻撈起，再淋上橄欖油和鹽。

03　取出麵糰擀平並放在烤盤上，鋪上紅醬後放上蔬菜料，撒上起司，放置在 38 ～ 40℃ 的溫暖環境下，進行第二次發酵，時間大約是 60 分鐘。

04　發酵完成前的 10 分鐘開啟烤箱預熱，溫度 200℃；待烤箱預熱完畢，即可將麵糰送入烤箱，烘烤 15 ～ 20 分鐘。

營養 memo
綠花椰菜的鈣質含量相當豐富，有助於調節骨質的鈣化；維他命 C 則能提高小朋友的免疫力、預防感冒。

夏威夷披薩
Hawaii Pizza

ages 食用年齡
3 歲以上

Quantity 份量
6 人份（3 片）

Ingredients 材料
溫水 210c.c.、披薩紅醬 3 大匙、披薩起司
120 克、橄欖油 3 小匙、鹽 1/4 小匙、鳳梨
片 200 克、火腿片 75 克、蝦仁 100 克、黑
橄欖 6 個
(1) 高筋麵粉 300 克、速發乾酵母 1 小匙、
鹽 1/4 小匙、橄欖油 15 克

媽咪小叮嚀 Mama's Tips

平常可以多做一些披薩麵糰
冷凍保存，想吃的時候隨時
取出加熱，非常方便。

做法
How To Make

01 麵糰做法同 p.045，披薩紅醬可以買市售的。

02 鳳梨、火腿切小片，蝦仁挑去腸泥再橫向剖半，黑
橄欖也切薄片。

03 取出麵糰擀平並放在烤盤上，鋪上紅醬後放上蔬
菜料，淋上橄欖油和鹽，撒上起司，放置在 38 ～
40℃的溫暖環境下，進行第二次發酵，時間大約是
60 分鐘。

04 發酵完成前的 10 分鐘開啟烤箱預熱，溫度 200℃；
待烤箱預熱完畢，即可將麵糰送入烤箱，烘烤 15 ～
20 分鐘。

營養 memo
鳳梨含有膳食纖維、維他命
B1、維他命 C、鉀等營養素，
其維他命 C 的含量是蘋果的
5 倍。

蕃茄
Tomato

　　蕃茄含有天然醣類、維他命 B1、B2、C、蛋白質、鈣、磷、鐵，以及可以保護維他命 C 不會因為烹調加熱而流失的蘋果酸和檸檬酸。大小蕃茄都可以生吃，而小蕃茄皮薄汁多且滋味香甜，略勝大蕃茄，所以生吃更討喜。蕃茄跟油脂一起加熱之後，更利於人體吸收茄紅素。從市場買回來的蕃茄應該要放在室溫下存放，避免放置於密閉高溫的地方。如果把蕃茄收入冰箱冷藏，反而容易軟爛腐敗。盛夏時，蕃茄容易因為高溫炎熱而腐壞，最好的辦法是每次只買一至兩天所能消化的量，以免傷了荷包又浪費了食物。洗淨後的蕃茄一定要擦乾，並且避免疊放，如果一次買回了太多蕃茄又吃不完時，可以將蕃茄煮過後製成蕃茄醬，不論是用來做麻婆豆腐或是義式茄醬都很適合。

蕃茄還能做哪些料理呢？ p.051 中的料理，讓你更能吃到蕃茄的營養。

菜色 1　梅汁蕃茄

材料 Ingredients：　黑柿蕃茄 1～2 顆、紫蘇梅 7～8 顆、梅汁 1 大匙

做法 How To Make：　1. 蕃茄洗淨去蒂頭，切成一口大小。
2. 把紫蘇梅、梅汁和蕃茄混合拌勻，放置冰箱冰鎮
20～30 分鐘即可品嘗。

菜色 2　蕃茄蜂蜜汁

材料 Ingredients：　小蕃茄 150 克、蜂蜜 1 大匙、檸檬汁 1/2 個、冷開水
300c.c.

做法 How To Make：　將所有材料放入果汁機仔細攪拌，拌至細緻均勻後即
可飲用。

菜色 3　蕃茄鮮果凍

材料 Ingredients：　(1) 小蕃茄 100 克、西瓜汁 200c.c.、果寡糖 1 小匙
(2) 洋菜粉或果凍粉 1 小匙、細糖 1 小匙、水 100c.c.

做法 How To Make：　1. 混合材料 (1) 並用果汁機攪散，再用細目篩網過濾。
2. 材料 (2) 的洋菜粉和細糖先混勻，再倒入鍋中加水
攪拌並煮至沸騰。
3. 把做法 1. 的果汁與做法 2. 的洋菜液混合，略加熱，
呈微溫即可關火，接著隔冰水降溫。
4. 把果凍液倒入杯子內，放入冰箱冷藏直到凝固即可。

奶油半月燒
Milk Custard Pancake

濃郁的奶油餡在嘴裡慢慢滑開，這就是奶油半月燒的獨特魅力！

SEN

Par tes soirs

l irai dans tes se

e par les bles. fouler i

happi

要趁熱對折塑型，以免降溫後不易作業。

ages	食用年齡
	2 歲以上

Quantity	份量
	2 人份

Ingredients 材料

鮮奶 200c.c.、無鹽奶油 10 克
(1) 蛋黃 2 個、玉米粉 1½ 大匙、細糖 2 大匙
(2) 低筋麵粉 200 克、奶粉 15 克、泡打粉 1 小匙、玉米粉 1 小匙、小蘇打粉 1/4 小匙、香草精 1/4 小匙、鹽少許
(3) 鮮奶 150c.c.、雞蛋 1 個

做法
How To Make

01　將 200c.c. 的鮮奶倒入鍋中加熱，即將沸騰前關火。

02　把材料 (1) 放入攪拌盆，用打蛋器攪拌均勻，再將熱牛奶倒入盆中拌勻（圖 1），接著把材料倒回鍋中，在爐上加熱的同時要邊攪拌，沸騰後材料會變濃稠，關火加入奶油拌勻，即成奶油餡（圖 2）；奶油餡倒入擠花袋，袋口剪一個約半公分的平口。

03　將材料 (2) 混合過篩放入攪拌盆，加入材料 (3) 後用打蛋器攪拌均勻即成麵糊，並靜置鬆弛 30 分鐘。

04　平底鍋的鍋底塗抹少許的油。

05　用湯匙將麵糊舀入鍋中，製成直徑約 9 ～ 10 公分的橢圓片狀，煎至表面出現泡泡時翻面稍微煎一下，再取出對折，此時動作要快，接著等待冷卻。

06　擠入適量的奶油餡後即可品嘗。

圖 1

圖 2

芝麻花生麵煎粿
Sesame & Peanut Pie

芝麻粉和花生粉讓麵煎粿透著迷人的香氣。

ages
食用年齡
2 歲以上

Quantity
份量
4 人份（可切 8 等份）

Ingredients
材料
微甜花生粉 1 大匙
(1) 低筋麵粉 180 克、黑芝麻粉 20 克、玉米粉 1 小匙、泡打粉 1/2 小匙、小蘇打粉 1/4 小匙、鹽少許
(2) 鮮奶 50c.c.、雞蛋 1 個、水 50c.c.

媽咪小叮嚀 Mama's Tips

1. 如果平底鍋較小，則可將此份材料分次做成兩份麵煎粿。
2. 製作之前不需熱鍋，烘烤過程都需保持在小火的狀態，慢慢將麵糊烘乾。如果鍋子太熱，會產生底部受熱面過焦，而中心部份的麵糊卻還是生的狀態，因此所有的平底鍋點心都不需要熱鍋。
3. 最好趁麵糊表面尚呈黏稠狀時撒上花生粉，這樣才能黏住花生粉；準備對折餅皮時，則要確認表面已經完全烤乾。

做法
How To Make

01　將材料 (1) 混合過篩放入攪拌盆，材料 (2) 混合攪拌均勻後加入粉料，用打蛋器攪拌均勻，再蓋上保鮮膜靜置鬆弛 30 分鐘。

02　在平底鍋鍋底和邊緣塗抹少許的油。

03　倒入麵糊，蓋上鍋蓋以小火慢烘，直到表面出現許多的泡泡，此時把花生粉均勻撒在上半部。

04　對折餅皮，關火續燜 5 分鐘。

05　取出麵煎粿，切片即可品嘗。

營養 memo
芝麻屬於堅果類，含有豐富的蛋白質、脂肪、維他命和礦物質，它帶有濃郁的香氣，很適合用來做點心。

香甜的黑糖與營養的堅果，
讓饅頭的滋味更加豐富。

黑糖堅果饅頭
Brown Sugar Nut Steamed Buns

ages 食用年齡
2 歲以上

Quantity 份量
8 人份 (16 個)

媽咪小叮嚀 Mama's Tips

> 由於家中製作的饅頭份量較少，所以火候不需太大，以免饅頭的皮皺縮。

Ingredients 材料
中筋麵粉 300 克、鮮奶 175c.c.、黑糖蜜 30 克、速發乾酵母 1/2 小匙、綜合堅果和葡萄乾共 100 克

做法 How To Make

01 將鮮奶倒入鍋中，以小火加熱至微溫，約 40℃左右，關火。

02 將麵粉、酵母粉放入攪拌盆，再倒入做法 01 和黑糖蜜，搓揉成表面光滑、有彈性的麵糰。

03 蓋上濕巾或是保鮮膜，靜置在溫暖處約 60 分鐘，進行第一次發酵。

04 取出麵糰，分成兩等份，每一等份輕輕搓圓，收口朝下，蓋上濕巾或是保鮮膜，靜置鬆弛 15 分鐘。

05 取出麵糰，壓扁以後擀平，撒上堅果、葡萄乾再搓成長條狀 (圖 1)，分切成八等份 (圖 2)。

06 麵糰底部墊包子紙，排放在蒸籠上，靜置在溫暖處約 60 ～ 90 分鐘，進行第二次發酵。

07 蒸鍋內倒入室溫的水，把饅頭排在蒸盤架上，蒸籠蓋以棉布包裹後蓋上，以中小火蒸 12 ～ 15 分鐘，關火後開個小縫隙，等待約 10 分鐘再取出。

圖 1

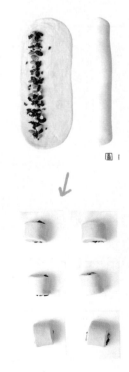

圖 2

海苔饅頭
Dried Seaweed Steamed Buns

熱著吃冷著吃都好吃，
還帶著淡淡的海苔香。

食用年齡
2 歲以上

份量
8 人份（16 個）

媽咪小叮嚀　Mama's Tips

一定要確認饅頭漲成 2 倍大
之後，才可以入鍋蒸。

材料
中筋麵粉 300 克、鮮奶 175c.c.、細
糖 30 克、海苔粉 2 小匙、速發乾酵
母 1/2 小匙

做法
How To Make

01　將鮮奶、糖倒入鍋中，以小火加熱至微溫，約 40℃左右，
　　關火。

02　將麵粉、酵母粉和海苔粉放入攪拌盆，再倒入做法 01，
　　接著搓揉成表面光滑、有彈性的麵糰。

03　蓋上濕巾或是保鮮膜，靜置在溫暖處約 60 分鐘，進行第
　　一次發酵。

04　取出麵糰，分成兩等份，每一等份輕輕搓圓，收口朝下，
　　蓋上濕巾或是保鮮膜，靜置鬆弛 15 分鐘。

05　取出麵糰，壓扁後擀平，再搓成長條狀，分切成 8 等份。
　　（圖 1）

06　麵糰底部墊包子紙，排放在蒸盤上面，靜置在溫暖處約
　　60 ～ 90 分鐘，或是確認麵糰膨脹成兩倍大。

07　在蒸鍋內倒入室溫的水，把饅頭排在蒸盤架上，蒸籠蓋
　　以棉布包裹後蓋上，並以中小火蒸 12 ～ 15 分鐘，關火
　　後開個小縫隙，等待約 10 分鐘再取出。

圖 1

地瓜起司酥皮塔
Sweet Potato & Cheese Tart

鬆軟的地瓜加上起司，
絕佳的組合！

媽咪小叮嚀 Mama's Tips

平時可以多烤一些地瓜，放
入冰箱冷凍保存，隨時可取
出變化利用。

ages 食用年齡
2 歲以上

Quantity 份量
2 人份

Ingredients 材料
地瓜 200 克、市售冷凍酥皮 2 片、
卡式達醬（奶油餡）100 克、披薩起
司 30 克、蛋液少許

做法
How To Make

01 卡式達醬（奶油餡）做法參照 p.053；烤箱預熱至
200℃。

02 地瓜去皮切成一口大小，放入滾水汆燙直到地瓜變軟。

03 冷凍酥皮軟化之後放入焗烤皿（圖 1），擠入卡式達醬再
放入地瓜（圖 2），表面撒上披薩起司，並在四個邊刷
上少許的蛋液，放入烤箱烘烤 12 ～ 15 分鐘。

營養 memo

地瓜含有豐富的膳食纖維，
可以幫助小朋友排便更順暢，
且還有豐富的蛋白質，以及
維他命 C、E。

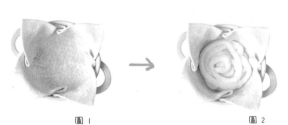

圖 1 → 圖 2

CHAPTER 02
親子一起來！最受歡迎點心

迷你小蛋塔、字母和數字餅乾、
可可貝殼蛋糕等點心，
外型小巧可愛，相當受小朋友歡迎，
這些點心的做法都不難，
讓小朋友一起動手做，
不但能促進小朋友的食慾，
還能增加親子的互動。

巧克力松露球
Chocolate Truffle

巧克力獨特的香甜滋味，
大朋友小朋友都無法抗
拒它的魅力。

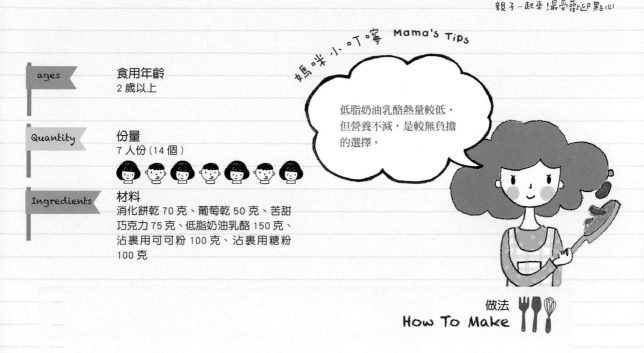

低脂奶油乳酪熱量較低，但營養不減，是較無負擔的選擇。

ages 食用年齡
2 歲以上

Quantity 份量
7 人份（14 個）

Ingredients 材料
消化餅乾 70 克、葡萄乾 50 克、苦甜巧克力 75 克、低脂奶油乳酪 150 克、沾裹用可可粉 100 克、沾裹用糖粉 100 克

做法
How To Make

01　將消化餅乾放入塑膠袋敲碎，葡萄乾切碎，低脂奶油乳酪用橡皮刮刀拌軟。

02　巧克力隔水加熱至融化，與做法 01 混合拌成糰，包入保鮮膜入冰箱冷藏約 30 分鐘，或是直到材料變硬。

03　取出巧克力分成 14 個小球，將沾裹用的可可粉和糖粉分別放在盤子上，巧克力球分兩半，一半沾可可粉、一半沾糖粉，即可品嘗。

04　如果要送人，建議把巧克力球放置在小紙模，再裝入有蓋的保鮮盒或是漂亮盒子內。

水果軟糖
Fruit Candy

用水果來製作軟糖，安心又好吃！

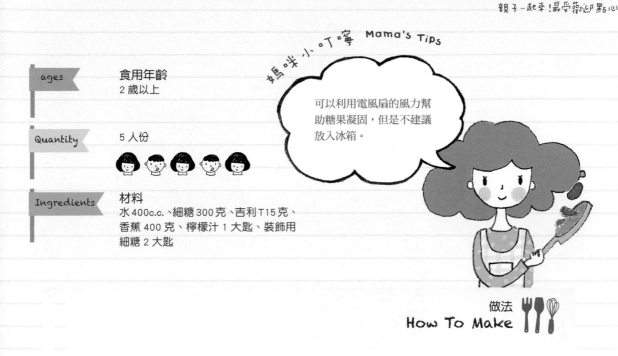

可以利用電風扇的風力幫助糖果凝固，但是不建議放入冰箱。

ages
食用年齡
2歲以上

Quantity
5人份

Ingredients
材料
水400c.c.、細糖300克、吉利T15克、香蕉400克、檸檬汁1大匙、裝飾用細糖2大匙

做法
How To Make

01　把香蕉和檸檬汁一起放入果汁機中打成泥。

02　將水和吉利T放入鍋中，邊加熱邊攪拌，直到吉利T溶化。

03　加入細糖，煮到105℃，也就是沸騰後約2分鐘左右，再加入香蕉泥，繼續煮到材料可以附著在攪拌匙上的程度，關火。

04　模型內塗抹少許的橄欖油，或是使用不沾黏的模型，把做法03倒入模型中，置於室溫下等待凝固。

05　待軟糖凝固後，取出切片，外層均勻撒上細糖即可品嘗。如果要送人，建議把糖果單獨包裝，以免受潮軟化。

飄散著奶香與蛋香的
雪茄卷，多麼棒的下
午茶點心啊！

雪茄卷
Cigar Roll

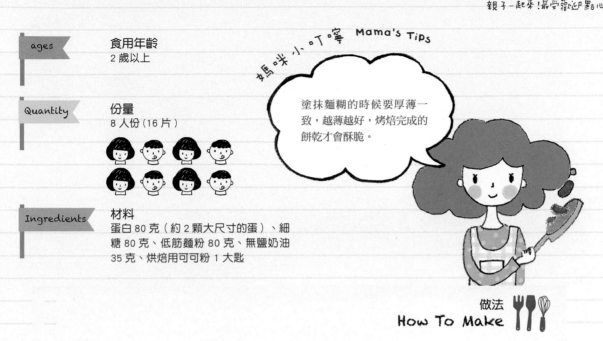

ages　食用年齡
2 歲以上

Quantity　份量
8 人份（16 片）

Ingredients　材料
蛋白 80 克（約 2 顆大尺寸的蛋）、細
糖 80 克、低筋麵粉 80 克、無鹽奶油
35 克、烘焙用可可粉 1 大匙

女馬咪 小叮嚀 Mama's Tips

塗抹麵糊的時候要厚薄一致，越薄越好，烤焙完成的餅乾才會酥脆。

做法
How To Make

01　奶油隔水加熱融化。

02　將蛋白、細糖放入攪拌盆中，用電動打蛋器以低速攪拌
3 ～ 4 分鐘，打至蛋白泡沫變得柔細。

03　麵粉和可可粉混合過篩加入拌勻，最後加入融化的奶
油，拌勻即成麵糊。

04　攪拌盆覆上保鮮膜，讓麵糊靜置鬆弛至少 30 分鐘。

05　烤盤鋪上烘焙紙，烤箱預熱至 180℃。

06　用小湯匙舀一小匙麵糊到烘焙紙上，用湯匙背均勻抹開
成直徑 10 ～ 12 公分的圓形薄片，每盤抹 2 片。

07　放入烤箱上層烘烤 7 ～ 8 分鐘，餅乾邊緣上色即可準備
取出。此時戴上厚的棉布手套，一次取出一片餅乾，再
利用竹筷子捲起，接著製作下一片，直到麵糊用完為止。

外皮紮實、內餡柔軟，
每咬一口都能品嘗到雙重口感。

迷你小蛋塔
Mini Egg Tart

ages

食用年齡
2 歲以上

Quantity

份量
9 人份（18 個）

mode

模型尺寸
長 24 公分、寬 18 公分
圓型凹處直徑 4.5 公分、高 2 公分

媽咪小叮嚀 Mama's Tips

切除的塔皮集合起來可
以再次入模。

Ingredients

材料
塔皮
雞蛋 1 個 、無鹽奶油 100 克
(1) 低筋麵粉 150 克、奶粉 50 克、糖粉
100 克、鹽 1/4 小匙

布丁液
(1) 水 100c.c.、細糖 35 克
(2) 雞蛋 100 克、蛋黃 20 克、鮮奶 100c.c.、
香草精 1/4 小匙

做法
How To Make

塔皮

01　材料 (1) 混合過篩後放入攪拌盆，蛋打散倒入與粉類混合。

02　加入切小塊的奶油，用手搓成柔軟的麵糰；蓋上保鮮膜，
於室溫下靜置鬆弛 30 分鐘。

03　工作台上撒少許麵粉，取出麵糰放置在工作台上。分成
一半，再次輕輕搓揉成長條狀，接著分割成每個 25 克的
小糰。

04　將每個小麵糰壓入塔模內，並切除多出塔模的部份，成
為厚薄一致的生塔皮；整齊地排列在烤盤上，此時烤箱預
熱至 160℃。（ 圖 1）

圖 1

05　把布丁液倒入塔模中，放入烤箱烘烤約 25 分鐘，確認塔
皮上色且布丁液凝固，即代表烤好了。

06　取出烤好的蛋塔，連同烤模放在網架上降溫。

布丁液

01　將材料 (1) 倒入鍋中加熱，直到糖溶化且沸騰，關火。

02　材料 (2) 混合攪拌均勻，與做法 01 混合，使用細目濾
網過濾掉細小的泡沫，此即布丁液。

酸酸甜甜的新鮮草莓與奶油餡十分搭，口感綿密、滋味香甜。

草莓卡式達塔
Strawberry Custard Tart

媽咪小叮嚀 Mama's Tips

卡式達醬就是奶油餡，
做法可參考 p.053。

ages 食用年齡
2 歲以上

Quantity 份量
2 人份

Ingredients 材料
薄片吐司 2 片、新鮮草莓 200 克、奶油
餡 200 克、薄荷葉少許

做法
How To Make

01　切除吐司的四個邊，再沿著四個邊的中間各劃一
　　刀。（圖 1）

02　準備耐烤的容器，放入吐司（圖 2），進烤箱以
　　180℃烘烤 5 分鐘。

03　將奶油餡倒入擠花袋，袋口裝一個星形花嘴。

04　取出烤好的吐司，擠上奶油餡，表面點綴新鮮草
　　莓和薄荷葉即完成。

圖 1

圖 2

可可貝殼蛋糕
Chocolate Madeleine

可可的香氣讓心情跟著繽紛起來！

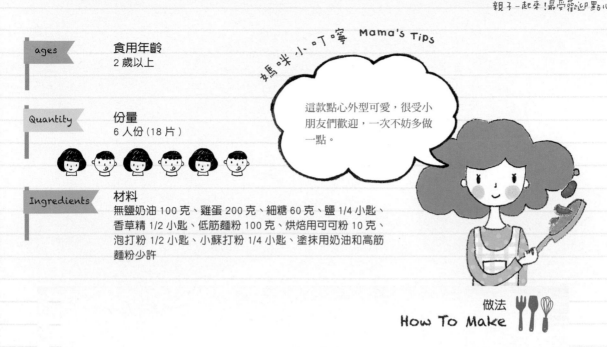

ages
食用年齡
2 歲以上

Quantity
份量
6 人份（18 片）

Ingredients
材料
無鹽奶油 100 克、雞蛋 200 克、細糖 60 克、鹽 1/4 小匙、
香草精 1/2 小匙、低筋麵粉 100 克、烘焙用可可粉 10 克、
泡打粉 1/2 小匙、小蘇打粉 1/4 小匙、塗抹用奶油和高筋
麵粉少許

媽咪小叮嚀 Mama's Tips

> 這款點心外型可愛，很受小朋友們歡迎，一次不妨多做一點。

做法
How To Make

01　將奶油放入鍋中以小火加熱融化，撈除浮在表面的白沫。

02　把蛋、細糖放入攪拌盆，底下墊另一盆熱水，用電動打蛋器以快速攪拌，直到蛋液呈可以劃線的濃稠鬆發狀態。

03　加入過篩的粉類拌勻，接著加入香草精和融化的奶油輕輕拌勻，蓋上保鮮膜，於室溫下靜置鬆弛 2 個小時。

04　準備烘烤前的 10 分鐘，將烤箱預熱至 180℃；模型表面塗抹少許的奶油，並撒上高筋麵粉以防沾黏。

05　取出麵糊再次攪拌均勻，用湯匙把麵糊舀入模型內，放入烤箱烘烤 12 ～ 15 分鐘，烤好後立刻脫模，並放在網架上降溫。（圖 1）

圖 1

濃郁的杏仁香，
為簡單的小餅乾增色許多。

彎彎月亮餅乾
Moon Cookie

ages
食用年齡
2 歲以上

Quantity
份量
8 人份（16 個）

妈妈咪小叮嚀 Mama's Tips

杏仁含有豐富的維他命 A、B、C、E 和不飽和脂肪酸等營養元素，是種很棒的食材。

Ingredients
材料
無鹽奶油 130 克、糖粉 60 克、低筋麵粉 150 克、杏仁粉 50 克、杏仁精 1/2 小匙、杏仁角 50 克、沾裹用糖粉 100 克

做法
How To Make

01　奶油切小塊放入攪拌盆，加入糖粉用電動打蛋器攪拌至鬆軟。

02　粉類過篩，加入盆中拌勻，並加入杏仁精。

03　最後加入杏仁角，用手和橡皮刮刀翻拌成糰，壓扁用塑膠袋或保鮮膜包裹，放入冰箱冷藏變硬。

04　大概需要冷藏 2 個小時左右，如果沒有立刻烘烤，可以改放冷凍庫，保存可達 2 個月，放在冷藏室大約可以存放 1 個禮拜。

05　取出麵糰放置在工作台上約 15 分鐘退冰，將麵糰再次以翻拌的方式搓成糰。此時烤箱預熱 180℃，並在烤盤鋪烘焙紙。

06　把麵糰分成 30 克的小糰（圖 1），先輕搓成條狀（圖 2），再搓成兩端尖細的彎月狀（圖 3），整齊地排列在烤盤上，放入烤箱烘烤 15 分鐘。

07　烤好後取出，立刻放在糖粉內滾動，讓表面沾滿糖粉，放在網架上降溫後即可品嘗。

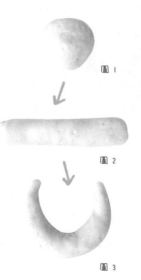

圖 1

圖 2

圖 3

字母和數字餅乾
Letter And Figure Cookie

各種字母與數字造型的餅乾，充滿了童趣，很適合當成小禮物送人。

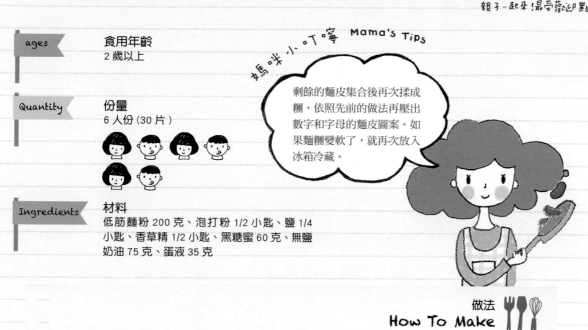

ages
食用年齡
2 歲以上

剩餘的麵皮集合後再次揉成糰,依照先前的做法再壓出數字和字母的麵皮圖案。如果麵糰變軟了,就再次放入冰箱冷藏。

Quantity
份量
6 人份(30 片)

Ingredients
材料
低筋麵粉 200 克、泡打粉 1/2 小匙、鹽 1/4 小匙、香草精 1/2 小匙、黑糖蜜 60 克、無鹽奶油 75 克、蛋液 35 克

做法
How To Make

01　先將奶油、香草精、黑糖蜜和蛋液混合打發,鹽、粉類過篩加入拌成糰(圖 1)。

02　麵糰放入塑膠袋擀平成方形薄片,再放入冰箱冷藏變硬。這個時候如果沒有立刻製作,可以將麵糰放在冷凍保存 2 個月,冷藏則是 1 個禮拜。

03　取出麵糰放置在室溫下約 15 分鐘回軟,此時開啟烤箱預熱,上下火約 180℃,並在烤盤上鋪烘焙紙。

04　取出麵糰剪開塑膠袋,以數字和字母餅乾模在麵皮上壓出圖案後,移至烤盤上,再放入烤箱上層烘烤約 10 ～ 12 分鐘。

圖 1

雞蛋
egg

　　1 顆雞蛋約 55 克，而 1 天 2 顆雞蛋就可以提供人體大約 15 克的蛋白質。蛋白質是相當重要的營養素，必須天天補充，且餐餐不可缺少。以成人來說，每天每公斤體重需補充 1 克的蛋白質，成長發育中的幼兒所需的蛋白質量更高。營養師建議，每日飲食需從肉、蛋、魚、豆、奶這五大類食物中攝取蛋白質，而動物性和植物性蛋白質同樣重要。雞蛋提供的蛋白質屬於人體容易消化吸收的優質蛋白質，利用率高達 99.7%。雞蛋還可以提供維他命 B 群、維他命 A 和 D，B 群是建構神經組織的重要元素，長期缺乏的話容易影響學習力、注意力，或是出現過動的傾向。在很久之前，偉大的古代中醫師就知道雞蛋具有補血、安胎和養心安神的功效，這可不是蓋的！

　　當寶寶開始吃副食品以後，就應該讓寶寶試著品嘗雞蛋，並且觀察寶寶有無對雞蛋過敏的症狀，這是因為許多的疫苗都是以雞蛋來培養，因此小兒科醫生在替寶寶施打疫苗之前，都會詢問家中幼兒是否對雞蛋過敏。

　　根據醫師和營養師的說法，適量攝取水煮蛋並不會導致膽固醇過高，倒是加味的茶葉蛋，因為泡在滷汁內的關係，使得鈉含量過高，有害寶寶體內水分的調節，因此愛寶寶的媽咪們，放心地給寶寶們吃自己料理的水煮蛋、蒸蛋或是蔬菜炒蛋吧！

菜色 1　甜甜雞蛋豆漿

材料 Ingredients：　　甜豆漿 500c.c.、雞蛋 1 個

做法 How To Make：　　將雞蛋打入碗中攪散，豆漿煮到沸騰時立刻倒入碗內，快速攪拌一下蓋上碗蓋，約三分鐘後即可品嘗。

菜色 2　蔬菜炒蛋

材料 Ingredients：　　雞蛋 2 個、植物油 1/2 小匙、新鮮蘑菇切片 1 大匙、切小段的四季豆 1 大匙、天然無防腐劑起司絲 1 大匙、新鮮香菜末少許

做法 How To Make：　　1. 蘑菇和四季豆汆燙一下立刻起鍋。
2. 把雞蛋、油混合攪拌均勻，倒入平底鍋，再加入蔬菜料，蓋上鍋蓋以小火慢烘。
3. 當材料至半熟的時候，撒上起司絲和香菜，用筷子把材料攪散，確認蛋炒熟之後即可起鍋。

菜色 3　水煮蛋

材料 Ingredients：　　雞蛋 4 個、水 1,000c.c.

做法 How To Make：　　先把水煮開，放入已洗淨的蛋，立刻關火並蓋上鍋蓋，燜 5 分鐘後取出可以品嘗到半熟蛋，燜 10 分鐘後可以吃到糖心蛋。如果想要吃得更熟，雞蛋下鍋後約 1 分鐘再關火，燜 10 分鐘後即可吃到全熟的蛋。建議 1,000c.c. 的湯鍋最多一次放入 4 顆蛋，就可以達到以上的效果。

如果想吃水波蛋，準備一個小淺碟，抹上橄欖油，再打入雞蛋，放在電鍋內，外鍋放 3/4 杯水，略掀鍋蓋蒸熟即可。

椰香小餅
Coconut Cookie

媽咪小叮嚀 Mama's Tips

這款餅乾一定要以低溫烘烤，要確實烤乾才會酥脆，以免餅乾吃起來軟軟的。

酥脆的椰香小餅，帶著濃濃的椰香，彷彿能夠感受到熱帶氣息。

做法
How To Make

01 烤盤鋪上烘焙紙，烤箱預熱至110℃。

02 將蛋白、細糖放入攪拌盆中，用電動打蛋器以低速攪拌 3 ～ 4 分鐘，打至蛋白泡沫變得柔細。

03 椰子粉、低筋麵粉過篩後再加入其中，拌勻成麵糊。

04 將麵糊裝入擠花袋，袋口剪半公分的開口。

05 把麵糊擠在烤盤紙上，形成長條狀，此時烤箱調降至 90℃，放入烤箱中層烘烤約 60 ～ 90 分鐘，烤好之後取出，放置在網架上降溫。

ages 食用年齡
2 歲以上

Quantity 份量
8 人份（24 片）

Ingredients 材料
蛋白 80 克、細糖 40 克、椰子粉 100 克、低筋麵粉 15 克

杏仁瓦片
Almond Cookie

媽咪小叮嚀 Mama's Tips

推開麵糊時盡量越薄越好，烤焙後的餅乾口感才會酥脆。

脆口的杏仁瓦片，
一下就能喀掉好幾片。

做法
How To Make

01 將蛋白、糖粉放入攪拌盆中，用電動打蛋器以低速攪拌 3 ～ 4 分鐘，打至蛋白泡沫變得柔細。

02 麵粉過篩後加入其中拌勻；加入杏仁片，拌勻即成麵糊。

03 攪拌盆覆上保鮮膜，讓麵糊靜置鬆弛至少 30 分鐘。

04 烤盤鋪上烘焙紙，烤箱預熱至 180℃。

05 用小湯匙舀麵糊整齊地排列在烘焙紙上，用手均勻推開成直徑 7 ～ 8 公分的圓形薄片，放入烤箱上層烘烤約 12 ～ 15 分鐘，烤好之後取出放置在網架上降溫。

06 建議降溫後的杏仁瓦片單獨包裝，可以防止隔天軟化。

ages 食用年齡
3 歲以上

Quantity 份量
6 人份（18 片）

Ingredients 材料
蛋白 80 克（約 2 個）、糖粉 60 克、低筋麵粉 25 克、杏仁片 150 克

外型小巧的小芙蓉，
口感相當輕盈。

小芙蓉
Dacquoises

ages
食用年齡
2 歲以上

Quantity
份量
4 人份（8 個）

妈妈咪小叮嚀 Mama's Tips

加入粉類時切勿過度攪拌，
以免麵糊消泡。

Ingredients
材料
蛋白 100 克（約 3 顆雞蛋的份量）、細糖
20 克、杏仁粉 80 克、糖粉 80 克、低筋麵
粉 15 克、市售起司抹醬 2 大匙

做法
How To Make

01　烤盤鋪上烘焙紙，烤箱預熱至 180℃。

02　將蛋白放入攪拌盆，先用電動打蛋器打至粗粒泡沫狀，
　　再分次慢慢加入糖，打至完全鬆發的硬性發泡狀態。

03　將杏仁粉、糖粉和麵粉混合過篩，分次加入發泡蛋白（蛋
　　白霜）內拌勻，此時因為加入粉類，蛋白體積會縮小。

04　用湯匙把麵糊舀成直徑約 5 ～ 6 公分的圓片，放入烤箱
　　烘烤 13 ～ 15 分鐘。（圖 1）

05　取出烤好的小芙蓉，底部抹上起司抹醬，兩片夾起後即
　　可品嚐。

圖 1

咬下一口，
會出現什麼驚喜呢？

幸運餅乾
Lucky Cookie

ages 食用年齡
2 歲以上

Quantity 份量
6 人份（18 片）

Ingredients 材料
蛋白 80 克（約 2 顆大尺寸的蛋）、
細糖 80 克、鬆餅粉 80 克、無鹽奶
油 35 克、香草精 1/2 小匙

媽咪小叮嚀 Mama's Tips

1. 配方中的鬆餅粉也可以
改用低筋麵粉，但是要再
添加 1/2 小匙泡打粉。
2. 麵糊一定要靜置鬆弛過，
這樣烤焙之後的色澤才會
漂亮。

做法
How To Make

01　奶油隔水加熱融化。

02　蛋白加細糖放入攪拌盆，用電動打蛋器以低速攪
　　拌 3～4 分鐘，打至蛋白泡沫柔細即可，不需鬆
　　發硬挺。

03　鬆餅粉過篩後加入拌勻，最後加入融化的奶油跟
　　香草精，拌勻即成麵糊。

04　攪拌盆覆上保鮮膜，讓麵糊靜置鬆弛至少 30 分
　　鐘。

05　烤盤鋪上烘焙紙，烤箱預熱至 180℃。

06　用小湯匙舀一小匙麵糊到烘焙紙上，再用湯匙背
　　均勻抹開成直徑 7～8 公分的圓形薄片，每盤抹
　　3 片。（圖 1）

07　放入烤箱烘烤 7～8 分鐘，餅乾邊緣上色即可準
　　備取出。此時戴上厚的棉布手套，一次取出一片
　　餅乾，放入紙條（圖 2），先對折成半圓形，再
　　將半圓形的兩端向下凹折，放在小杯子裡定型（圖
　　3），接著製作下一片，直到麵糊完全用完。

圖 1

圖 2

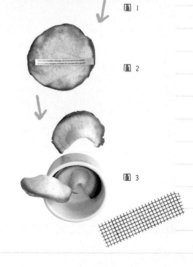

圖 3

香濃好吃的雙色拐狀餅，讓人食指大動。

雙色拐狀餅
Two-Color Cane Cookie

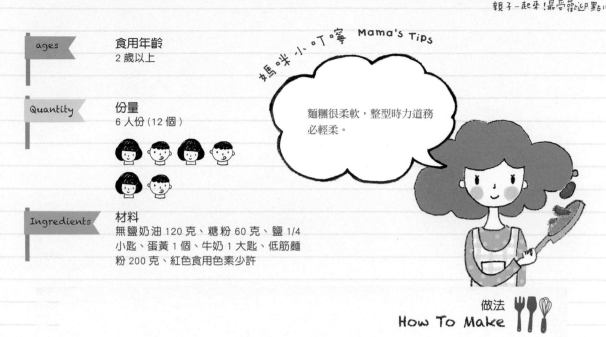

ages 食用年齡
2 歲以上

媽咪小叮嚀 Mama's Tips

麵糰很柔軟,整型時力道務
必輕柔。

Quantity 份量
6 人份(12 個)

Ingredients 材料
無鹽奶油 120 克、糖粉 60 克、鹽 1/4
小匙、蛋黃 1 個、牛奶 1 大匙、低筋麵
粉 200 克、紅色食用色素少許

做法
How To Make

01　奶油切小塊放在攪拌盆,加入糖粉、鹽,用電動打蛋器
　　攪拌,直到奶油鬆發、柔軟。

02　加入蛋黃和牛奶攪拌均勻,麵粉過篩後加入其中,拌成
　　餅乾麵糰。(圖 1)

03　將麵糰分成兩等份,其中一份加入紅色色素調成淡粉紅
　　色。麵糰包入保鮮膜,放入冰箱冷藏至少 1 小時。

04　此時烤箱預熱至 160℃,烤盤鋪上烘焙紙。

05　在工作台撒上麵粉,取出麵糰各自分成四等份,每一等
　　份都搓成長條狀,每種顏色取出一條互相纏繞扭轉,再
　　切成長度約 10 公分的小段(圖 2),輕輕搓揉後扭成拐
　　杖狀(圖 3),排列在烤盤上,放入烤箱上層烘烤 10 分鐘,
　　烤好之後取出放置在網架上降溫。

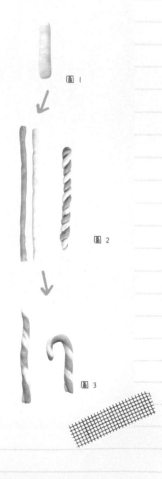

圖 1

圖 2

圖 3

口感紮實、香氣濃郁的司康，只要吃一顆就好滿足。

牛奶司康
Milk Scone

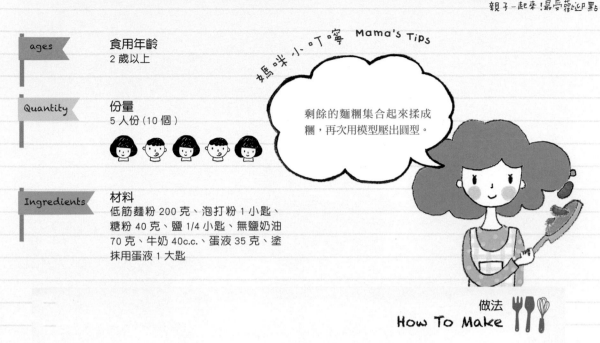

ages　食用年齡
2 歲以上

Quantity　份量
5 人份 (10 個)

媽咪半小叮嚀　Mama's Tips

剩餘的麵糰集合起來揉成糰，再次用模型壓出圓型。

Ingredients　材料
低筋麵粉 200 克、泡打粉 1 小匙、糖粉 40 克、鹽 1/4 小匙、無鹽奶油 70 克、牛奶 40c.c.、蛋液 35 克、塗抹用蛋液 1 大匙

做法
How To Make

01　粉類混合過篩放入攪拌盆，加入鹽，奶油切小塊放入盆中，用雙手搓揉材料變成豆子般的小粒狀。

02　混合牛奶和蛋液，加入做法 01，搓揉成糰。

03　工作台上撒少許麵粉，把麵糰移至工作台上，以反覆按壓的方式讓材料混合均勻。

04　在麵糰上蓋上保鮮膜，放置在室溫下，靜置鬆弛 30 ～ 60 分鐘。

05　此時開啟烤箱預熱至 180℃，烤盤鋪上烘焙紙。

06　取出麵糰再次以擀麵棍輕壓，讓麵糰的厚度變成 2.5 公分左右（圖 1），再用直徑 5 ～ 6 公分的圓形空心壓模，壓出一個個的圓餅，接著整齊地排列在烤盤上。（圖 2）

07　用毛刷沾取蛋液塗抹在表面，送入烤箱烘烤 15 ～ 20 分鐘，烤熟後取出放置在網架上降溫。

圖 1

圖 2

英式奶油酥餅
English Butter Cookie

酥脆的小餅乾，每一口都能感受到奶油的香氣。

ages 食用年齡
2 歲以上

Quantity 份量
6 人份（18 片）

餅乾很容易上色，一不小心就烤焦了，所以溫度設定得低一點，可以確保成功。

Ingredients 材料
無鹽奶油 120 克、鹽少許、糖粉 60 克、蛋黃 2 個、檸檬皮碎 1/2 個、檸檬汁 2 小匙、低筋麵粉 180 克

做法
How To Make

01　星型花嘴裝入擠花袋內備用，烤盤鋪上烘焙紙，烤箱預熱至 160℃。（圖 1）

02　奶油切小塊放入攪拌盆。

03　加入鹽和糖粉攪打成鬆發的絨毛狀。

04　加入蛋黃拌勻，檸檬皮和汁也加入拌勻。

05　加入過篩後的低筋麵粉，用橡皮刮刀拌勻成糰。

06　把麵糰放入擠花袋，麵糰的質感比較硬，需稍加用力。

07　在烤盤上將麵糰擠成 M 字型，放入烤箱上層烘烤約 12 ～ 15 分鐘，待表面上色即可取出。（圖 2）

圖 1

圖 2

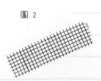

酸酸甜甜的莓果瑪芬，
十分鬆軟可口。

莓果瑪芬
Berry Muffin

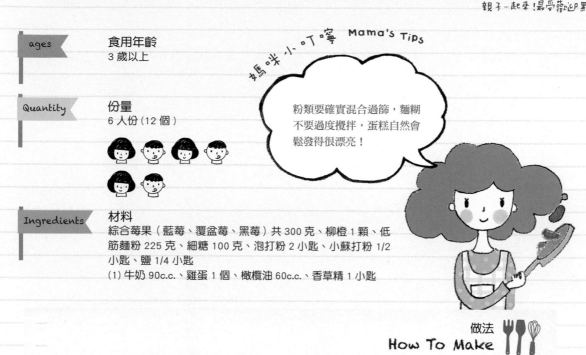

ages
食用年齡
3 歲以上

Quantity
份量
6 人份 (12 個)

Ingredients
材料
綜合莓果（藍莓、覆盆莓、黑莓）共 300 克、柳橙 1 顆、低筋麵粉 225 克、細糖 100 克、泡打粉 2 小匙、小蘇打粉 1/2 小匙、鹽 1/4 小匙
(1) 牛奶 90c.c.、雞蛋 1 個、橄欖油 60c.c.、香草精 1 小匙

媽咪小叮嚀 Mama's Tips
粉類要確實混合過篩，麵糊不要過度攪拌，蛋糕自然會鬆發得很漂亮！

做法
How To Make

01　烤盤鋪上烘焙紙，烤箱預熱至 180℃。

02　粉類混合過篩，放入攪拌盆；用刮皮刀磨下一整顆柳橙的皮後，加入攪拌盆中。

03　加入綜合莓果，並輕輕翻拌，讓粉類覆蓋住莓果。

04　材料 (1) 混合攪拌均勻，倒入盆中與乾料混合，用橡皮刮刀拌勻成麵糊。

05　麵糊平均倒入模型，放入烤箱烘烤約 20 ～ 25 分鐘，烤好後取出，放置在網架上待涼。

營養 memo
莓果類的多酚含量豐富，具有良好的抗氧化效果，並富含維他命 C、葉酸，營養價值相當高。

抹茶三角包
Matcha Triangle-buns

QQ 的外皮與香甜的紅豆沙餡非常搭！

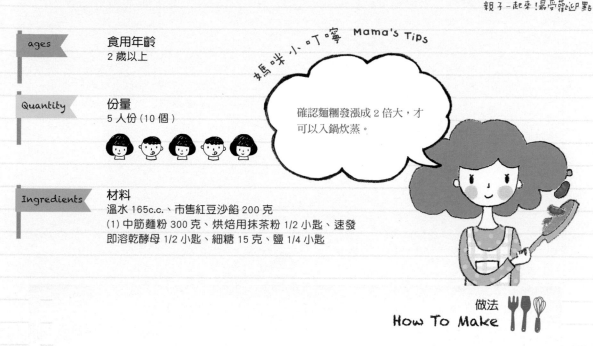

ages

食用年齡
2 歲以上

Quantity

份量
5 人份 (10 個)

Ingredients

材料
溫水 165c.c.、市售紅豆沙餡 200 克
(1) 中筋麵粉 300 克、烘焙用抹茶粉 1/2 小匙、速發
即溶乾酵母 1/2 小匙、細糖 15 克、鹽 1/4 小匙

媽咪 小 叮嚀 Mama's Tips

確認麵糰發漲成 2 倍大，才
可以入鍋炊蒸。

做法
How To Make

01　將材料 (1) 放入攪拌盆混合均勻，倒入溫水混合，搓揉
　　成表面光滑有彈性的麵糰。

02　包上保鮮膜靜置鬆弛 30 ～ 45 分鐘 (圖 1)；豆沙餡分割
　　成 10 等份。

03　取出麵糰分割成 10 等份，搓圓，覆蓋保鮮膜鬆弛 10 分
　　鐘。(圖 2)

04　使用擀麵棍將小麵糰擀成圓形的麵皮，每片包入一份紅
　　豆沙餡，收口捏緊成三角型，底下墊一張包子紙，排入
　　蒸籠內，於溫暖處發酵 60 ～ 90 分鐘。

05　蒸鍋內加室溫的水，高度約鍋子的一半高，把蒸籠放置
　　其上，蓋上鍋蓋以中小火蒸 12 ～ 15 分鐘，關火，將鍋
　　蓋開一個小縫，約 10 分鐘後再取出三角包。

圖 1

圖 2

用蒸的口感更清爽，
吃多也不膩！

豆沙吹雪
Red Bean Paste Buns

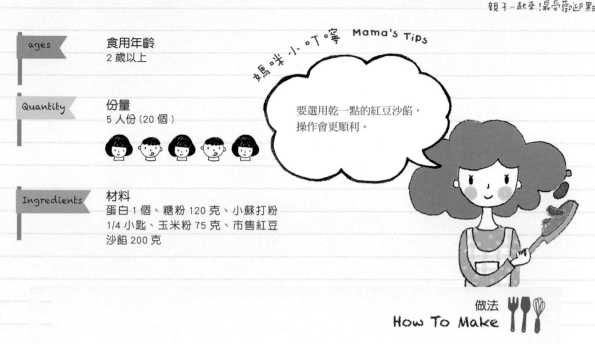

ages 食用年齡
2 歲以上

Quantity 份量
5 人份 (20 個)

Ingredients 材料
蛋白 1 個、糖粉 120 克、小蘇打粉
1/4 小匙、玉米粉 75 克、市售紅豆
沙餡 200 克

媽咪小叮嚀 Mama's Tips

要選用乾一點的紅豆沙餡，
操作會更順利。

做法
How To Make

01　紅豆沙餡分成 20 等份，搓圓備用。

02　混合蛋白與 40 克的糖粉，攪拌成蛋白糊，小蘇打粉過
　　篩加入，剩餘的糖粉接著加入。

03　玉米粉放入攪拌盆，加入做法 01 拌成糰，再分割成
　　20 等份。

04　把皮包住餡，因為皮的份量較小，所以表皮破裂是正常
　　的，包好之後底部墊包子紙，排列在蒸籠內。

05　燒開蒸鍋的水，將蒸籠置於其上，蓋上鍋蓋以中火蒸 3
　　分鐘即可。

營養 memo
紅豆的蛋白質、鐵含量很豐
富，具有補血和促進血液循
環的功效。

炒過的絞肉和洋蔥，
將釋放出迷人的香氣！

咖哩餃
Curry Puff

ages 食用年齡
3 歲以上

Quantity 份量
6 人份（12 個）

Ingredients 材料
市售冷凍酥皮 6 片、橄欖油 1 小匙、豬絞肉 150 克、洋蔥細末 50 克、咖哩粉 1 大匙、鹽 1/2 小匙、玉米粉 1/2 大匙、水 1/2 大匙、蛋液 1 大匙、杏仁片 1 小匙

媽咪小叮嚀 Mama's Tips

只要動一點巧思，冷凍酥皮也可以快速變化出多種點心。

做法
How To Make

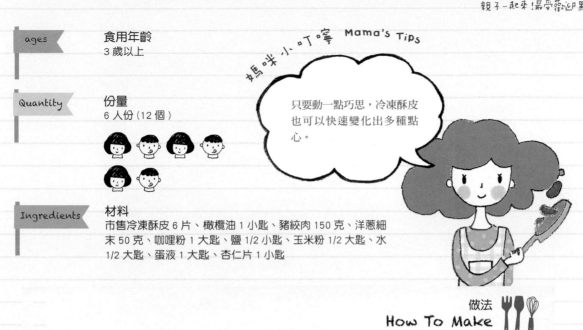

01　冷凍酥皮放在室溫下退冰。烤盤鋪上烘焙紙，烤箱預熱至 200℃。

02　將橄欖油倒入鍋中，熱鍋；放入洋蔥炒香，接著放入絞肉，炒至材料完全都熟了。

03　加入咖哩粉和鹽調味，調勻玉米粉和水之後倒入勾芡，沸騰收汁後起鍋，即成餡料。

04　攤開酥皮，舀一大匙餡料放在酥皮上（圖 1），對折，酥皮重疊處用叉子壓緊。（圖 2）

05　表面塗抹蛋液並擺放杏仁片，放入烤箱烘烤約 15 分鐘。（圖 3）

圖 1

圖 2

圖 3

肉燥鹹蛋糕
Ground Pork Cake

古早味的鹹蛋糕，
每一口都是幸福的味道。

ages
食用年齡
3 歲以上

Quantity
份量
4 人份

媽咪小叮嚀 Mama's Tips

蛋白一定要打到硬性發泡的
狀態,烤好的蛋糕才會鬆軟
好吃。

Ingredients
材料
橄欖油 1 小匙、豬絞肉 60 克、醬油 1 小匙、乾油蔥末
2 小匙、白芝麻粒 1/2 小匙
(1) 細糖 30 克、蛋白 2 個、蛋黃 1 個
(2) 低筋麵粉 75 克、泡打粉 1/2 小匙、鹽 1/4 小匙

做法
How To Make

圖 1

圖 2

01 烤箱預熱 180℃,模型內鋪紙模;橄欖油倒入鍋中,放
入豬肉略炒,倒入醬油炒勻,再加油蔥末,拌勻後起鍋。

02 蛋白放入攪拌盆,打至粗粒泡沫狀,加細糖繼續打到硬
性發泡狀態。

03 加蛋黃輕輕攪拌混合。

04 材料 (2) 混合過篩加入盆中,改用橡皮刮刀拌勻。

05 炒好的料取 1/2 倒入混合拌勻,即成麵糊。（圖 1）

06 把麵糊倒入模型內,表面撒上剩餘的餡料,接著撒上芝
麻。(圖 2)

07 放入烤箱烘烤 15 分鐘,確認麵糊不沾黏後即可取出,
放在網架上待涼。

寶寶適合的食材

咖哩 Curry

　　咖哩有「印度黃金」之稱，印度和日本應該是咖哩消耗量數一數二的國家，而台灣受到日本飲食的影響，也成了熱愛吃咖哩的地區。根據研究，咖哩有預防老年癡呆症的功效，這是因為咖哩中含有「薑黃素」。薑黃是一種特殊食材，研磨之後香氣特殊明顯，可以增進食慾並且促進排汗，讓體內血液循環，達到保暖的作用。

　　咖哩粉是由許多種辛香粉料組合而成，最多可達十幾種。據說在咖哩的故鄉印度，並沒有咖哩粉這個名詞，事實上每個家庭的媽媽都有自己獨特的香料配方，而這個配方可能是媽媽的媽媽傳承下來，也可能是依照家人喜愛的口味調配而成。但是咖哩的熱潮延燒到印度以外的地方，聰明的商人為了方便銷售，就將最普遍被接受的味道融合在一起，便形成了咖哩粉這個香料。如果媽媽們有冒險嘗試的精神，也可以自己調配喜愛的香料味道，只要把握幾項原則，例如製造辣味的胡椒、芥末和製造香氣的茴香、肉桂、荳蔻，以及鮮黃色澤來源的薑黃，這幾種基礎不可缺少的材料，一定要加進去就對了。當然，使用傳統的研磨缽會讓味道更加分喔！

　　接下來，我們來看看咖哩可以做成哪些可口的料理吧！

優格雞肉咖哩

材料 Ingredients：　　橄欖油 3 大匙、咖哩粉 2 大匙、大蒜 5 瓣、洋蔥 1 個、高湯 700c.c.、帶骨雞腿肉 300 克、馬鈴薯 1 個、紅蘿蔔 1/2 個、月桂葉 2 片、罐頭鷹嘴豆 200 克、無糖優格 2 大匙、鹽 1 小匙、糖 1 小匙

做法 How To Make：　1. 油入鍋加熱，放入咖哩粉快炒，加洋蔥和大蒜炒香。
2. 雞腿肉汆燙去血水，撈起與做法 1. 混合，翻炒一下。
3. 馬鈴薯和紅蘿蔔切小塊，加入翻炒，接著加入高湯跟月桂葉，煮至沸騰後轉小火，蓋鍋蓋續煮 1 小時。
4. 食用前加鹽、糖調味，最後加入瀝乾的鷹嘴豆和優格即可。

咖哩開胃小餅乾

材料 Ingredients：　　芝麻粒 3 大匙
(1) 中筋麵粉 100 克、全麥麵粉 2 大匙、咖哩粉 1 大匙、細糖 1 小匙、鹽 1/4 小匙
(2) 橄欖油 1 大匙、蛋液 1 大匙、水 35 ～ 50c.c.

做法 How To Make：　1. 將材料 (1) 倒入攪拌盆，混合拌勻。加入材料 (2) 拌成糰，蓋上保鮮膜，放在室溫下鬆弛 30 分鐘。
2. 取出麵糰分成 3 等份，每份再擀成薄片狀，最後表面撒上芝麻，利用擀麵棍壓入麵皮內。
3. 烤箱預熱 180℃，麵皮以刀子分割成小口的片狀，放入烤箱烘烤 7 ～ 8 分鐘即可。

CHAPTER 03
自己做！健康少油點心

大部分市售點心的油份都不低，
無形中小朋友也攝取了過多的熱量。
自己動手做可以控制用油量，
讓小朋友也能放心吃地瓜QQ球、炸鮮奶、
熱狗棒等需油炸的點心。

貝比肚子餓時，
來根香甜的可可吉拿棒正好！

可可吉拿棒
Chocolate Stick

媽咪小叮嚀 Mama's Tips

麵糊的軟硬度適中，擠出來的形狀才會漂亮。

食用年齡
2 歲以上

份量
4 人份 (12 條)

材料
低筋麵粉 135 克、可可粉 15 克、雞蛋 1 個、
沾裹用細砂糖 100 克、炸油適量
(1) 水 75c.c.、鮮奶油 2 大匙、奶油 15 克

做法
How To Make

01　準備星形擠花嘴放入擠花袋；炸鍋內倒入炸油，並準備廚房紙巾、瀝油撈網。混合材料 (1) 後倒入鍋中，以小火加熱直到奶油融化，關火。

02　麵粉和可可粉混合過篩，加入做法 01 攪拌。

03　接著加入蛋，攪拌成光滑的麵糊，再把麵糊倒入擠花袋，放入冰箱冷藏 30 分鐘，或是直到麵糊摸起來感覺冰涼。

04　此時預熱炸油，當竹筷子伸入油鍋內，筷子旁出現小泡泡時，即代表熱度足夠。

05　把麵糊擠在油鍋內，形成長條狀，炸到表面硬脆即可撈起，放在紙巾上瀝乾油份，再於表面沾裹細糖，即可食用。

炸過的麵體香氣十足，
滋味相當棒。

英式炸響鈴
Deep Fried Soft Doughnuts

食用年齡
2 歲以上

媽咪小叮嚀 Mama's Tips

炸油的溫度控制在中溫即可，如果溫度太高，先把火關掉，讓油溫下降後再開火。

份量
5 人份 (20 個)

材料
炸油適量
(1) 低筋麵粉 180 克、糖粉 40 克、奶粉 20 克、地瓜粉 1 大匙、泡打粉 1 小匙
(2) 香草精 1/4 小匙、雞蛋 1 個、水 120～130c.c.

做法
How To Make

01　準備平口擠花嘴放入擠花袋中；炸鍋內倒入適量的炸油，並準備廚房紙巾、瀝油撈網和包子紙。

02　將材料 (1) 過篩放入攪拌盆，加入材料 (2) 混合攪拌成表面光滑的麵糊。

03　將麵糊倒入擠花袋內，冷藏鬆弛 30 分鐘。

04　在包子紙上將麵糊擠成小圓狀 (圖 1)；此時預熱炸油，當竹筷子伸入油鍋內，筷子旁出現小泡泡時，即代表熱度已足夠。

05　把麵糊連同包子紙小心地放入油鍋，炸至表面金黃上色時撈起，撕除包子紙後放在紙巾上瀝乾油份，繼續炸至麵糊用完為止。

圖 1

白糖多拿滋
Sugar Donut

在熱呼呼的多拿滋上裹上細糖，這就是幸福的味道！

ages 食用年齡
2 歲以上

Quantity 份量
4 人份（12 個）

媽咪小叮嚀 Mama's Tips

1. 麵糰如果黏手，就稍微拍一點手粉；麵糰如果太硬，可以酌量加一點牛奶。
2. 手粉用的是高筋麵粉。

Ingredients 材料
沾裹用細糖 100 克、炸油適量
(1) 低筋麵粉 200 克、糖粉 1 大匙、鹽 1/4 小匙、奶粉 15 克、泡打粉 1/4 小匙
(2) 雞蛋 50 克、水 70 ～ 90c.c.、香草精 1/4 小匙

做法
How To Make

01 材料(1)混合過篩，與材料(2)混合搓揉成表面光滑的麵糰。

02 麵糰蓋上保鮮膜，靜置鬆弛 30 分鐘。

03 取出麵糰，工作台上撒少許的手粉，把麵糰擀成薄片，用甜甜圈壓模壓出一個一個的圓圈狀，中心的小圓球麵糰留著做 p.131 另一道點心「果醬球」（圖 1）。

04 此時預熱炸油，當竹筷子伸入油鍋內，會在筷子旁出現小泡泡時，即代表熱度已足夠。

05 小心地把麵糰放入油鍋內，炸至兩面金黃上色時撈起，趁熱在表面沾裹細糖，略降溫後即可食用。

圖 1

焦糖吐司棒
Caramel Toast Stick

使用香氣十足的焦糖包裹住
吐司邊，讓人一口接著一口
停不下來！

熱狗棒
Hot Dog Stick

小熱狗深受小朋友們歡迎，
只要多加上一層炸衣，就能
讓口感更加豐富。

焦糖吐司棒
Caramel Toast Stick

 ages 食用年齡
2 歲以上

 Quantity 份量
3 人份

Ingredients 材料
吐司邊 10 條、炸油適量、細糖 50 克、
水 2 大匙

媽咪小叮嚀 Mama's Tips

平常製作三明治所切下來的吐司邊可以集中放在冷凍庫保存，約可保存 3 個禮拜。

做法 How To Make

01 將炸油倒入鍋中加熱，吐司邊放入油鍋中炸至金黃酥脆，之後撈起放在紙巾上吸乾多餘的油份。

02 在另一個乾淨的鍋中放入細糖和水，以小火煮至沸騰，當糖液變成淡淡的琥珀色時，放入吐司邊，搖晃鍋子讓糖液沾滿吐司邊，關火。

03 把吐司邊一根一根取出放置在網架上降溫，完全不燙的時候即可品嚐。

熱狗棒
Hot Dog Stick

ages　食用年齡
3 歲以上

Quantity　份量
4 人份（8 個）

Ingredients　材料
小熱狗 8 條、炸油適量
(1) 鬆餅粉 200 克、水 120c.c.、雞蛋 1 個、沙拉油 1 小匙、帕馬森起司粉 1 大匙

媽咪小叮嚀 Mama's Tips

小心控制麵糊的軟硬度，就可以炸出外表好看又好吃的熱狗棒，多次練習即可精準掌握技巧！

做法
How To Make

01　將材料 (1) 放入攪拌盆混合攪拌均勻，即成炸衣。

02　每條熱狗插入一支竹籤，表面均勻沾裹炸衣。

03　此時準備廚房紙巾、瀝油撈網和預熱炸油，當竹筷子伸入油鍋內，筷子旁出現小泡泡時，即代表熱度已足夠。

04　小心地把熱狗棒放入鍋中油炸，炸至表面上色金黃時起鍋，放在廚房紙巾上吸乾多餘的油份，略降溫後即可食用。

炸薯條＋地瓜條
French Fries

馬鈴薯與地瓜都是十分優質的食材，只要簡單處
理過，就是一道營養價值高且美味的料理囉！

ages 食用年齡
2 歲以上

Quantity 份量
4 人份

Ingredients 材料
馬鈴薯 300 克、地瓜 300 克、鹽少
許、炸油適量

第一次下鍋以低溫的油炸
軟，第二次下鍋以高溫的
油炸酥，是專業廚師的做
法喔！

做法
How To Make

01 馬鈴薯和地瓜去皮切成長條狀，分次放入滾水汆燙，每次約
燙 1 分鐘左右即起鍋。

02 將汆燙過的材料水分瀝乾，最好的方法是不重疊地平鋪在廚
房紙巾上，表面也以廚房紙巾吸乾水分。

03 此時準備廚房紙巾、瀝油撈網和預熱炸油，當竹筷子伸入油
鍋內，筷子旁出現小泡泡時，即代表熱度已足夠。

04 把材料分次小心地放入鍋中油炸，分兩次炸至表面上色金黃
時起鍋，放在廚房紙巾上吸乾多餘的油份，略降溫後平均撒
上鹽調味即可食用。

營養 memo
馬鈴薯營養豐富又便於貯存，
含有鈣、磷、鐵、醣類，以
及維他命 B、C 等，是種相當
棒的常備食材。

寶寶適合的食材

馬鈴薯
Potato

　　馬鈴薯又稱洋芋、土豆，每 100 克中含蛋白質 2.3 克，並含維他命 B 群、C、E、纖維質、脂肪、碳水化合物、鈣、磷、鐵、鉀、鋅和胡蘿蔔素。馬鈴薯含有豐富的賴胺酸、亮胺酸，這兩種胺基酸是人體的必需氨基酸，是促使細胞脂肪合成的重要物質。每 100 克馬鈴薯的熱量只有 84 大卡，是白米飯的一半，有趣的是其所含的維他命 C 在高溫烹煮之下也不易流失，這都要歸功於馬鈴薯的澱粉質。

　　選購馬鈴薯時必須挑選表面乾淨、沒有芽眼的為佳，馬鈴薯放置在室溫一陣子之後就會開始發芽，而冰到冰箱又容易軟爛影響口感，因此建議媽媽們每次只購買所需的量。如果吃不完，可以蒸熟以後放入夾鏈袋，再放入冰箱冷凍保存。

　　馬鈴薯是種很棒的食材，媽咪可以參考 p.121，做出好吃又營養的馬鈴薯點心和料理。

菜色 1　營養多多馬鈴薯泥

材料 Ingredients：　馬鈴薯 300 克、蛋黃 1 個、牛奶 50c.c.、鹽少許、橄欖油 1 小匙

做法 How To Make：　馬鈴薯去皮切小塊，放入滾水煮到熟軟，取出瀝乾水分放在攪拌盆，趁熱加入其他材料攪拌均勻成泥狀即可食用。

菜色 2　馬鈴薯煎餅

材料 Ingredients：　馬鈴薯 300 克、鹽少許、糖 1 小匙、橄欖油 1/2 大匙

做法 How To Make：
1. 馬鈴薯去皮刨成絲，撒上鹽和糖靜置出水。
2. 鍋內倒入油，把馬鈴薯絲的水分瀝乾，入鍋整成扁圓狀，兩面煎至金黃即可。

菜色 3　馬鈴薯蛋糕

材料 Ingredients：　雞蛋 2 個、細糖 50 克、鬆餅粉 200 克
(1) 馬鈴薯泥 75 克、融化的奶油 30 克、牛奶 50c.c.
(2) 香菜末 1 大匙、甜椒末 1 大匙

做法 How To Make：
1. 雞蛋放入攪拌盆以電動攪拌器打至起泡，再加入細糖打至濃稠鬆發狀。
2. 鬆餅粉過篩加入拌勻。
3. 材料 (1) 混合拌勻後加入做法 1. 混合，最後把材料 (2) 加入即成麵糊。
4. 烤箱預熱 180℃，把麵糊倒入烤模中烘烤 25 分鐘，確認麵糊不沾黏竹籤即可取出，待降溫後品嘗。

炸鮮奶
Fried Milk Jelly

使用了大量的鮮奶，
營養滿點！

Time in Minutes
40 - 45

妈咪小叮嚀 Mama's Tips

炸完點心之後，用廚房紙巾吸取油份，可以減少熱量的攝取。

ages
食用年齡
2 歲以上

Quantity
份量
4 人份

Ingredients
材料
炸油適量
(1) 玉米粉 50 克、鮮奶 100c.c.、細糖 50 克、鮮奶油 50 克
(2) 鮮奶 200c.c.
(3) 低筋麵粉 120 克、玉米粉 10 克、泡打粉 1/4 小匙、水 120c.c.、沙拉油 1 大匙

做法
How To Make

01 先準備一個方形容器，內部塗抹少許份量外的沙拉油（圖 1）。

02 將材料 (1) 的玉米粉和鮮奶混合攪拌均勻，再加入細糖、鮮奶油，攪拌至糖溶化為止。

03 加熱材料 (2) 的鮮奶至沸騰，再倒入做法 02 拌勻，接著倒回鍋中以小火邊煮邊攪拌，直到材料濃稠沸騰，關火。

04 把材料倒入容器內整平（圖 2），降溫後表面覆蓋保鮮膜，再放入冷藏直到凝固。

05 取出凝固的材料倒扣於砧板上，切成小長方形片。

06 此時準備廚房紙巾、瀝油撈網和預熱炸油，當竹筷子伸入油鍋內，筷子旁出現小泡泡時，代表熱度已足夠。

07 材料 (3) 混合攪拌均勻即成炸衣，將做法 05 表面沾裹炸衣，並小心地放入鍋中油炸，炸至表面上色金黃時起鍋，放在廚房紙巾上吸乾多餘的油份，略降溫即可食用。

圖 1

圖 2

蝦餅
Shrimp Chips

充滿海味的一品，
酥酥香香的好滿足。

食用年齡
3 歲以上

份量
8 人份（3 片）

媽咪小叮嚀 Mama's Tips

這道點心的材料有蝦仁跟魚漿，有些小朋友對海鮮過敏，需特別注意能不能食用。

材料
潤餅皮 6 片、香菜葉少許、魚漿 100 克、蝦仁
100 克、 荸薺 25 克、橄欖油 3 大匙
(1) 蒜末 1/2 小匙、薑末 1/2 小匙、白胡椒粉 1/4
小匙、香油 1/4 小匙

做法
How To Make

01　蝦仁和荸薺混合剁碎，再與魚漿拌勻。

02　加入材料 (1) 調味，即成餡料。

03　將餡料抹在餅皮上，鋪上香菜葉點綴，再蓋上另一片。(圖 1)

04　此時把橄欖油倒入鍋中加熱，小心地把做法 03放入鍋中煎炸，兩面金黃上色時起鍋，放在廚房紙巾上吸乾多餘的油份，略降溫後切片即可食用。

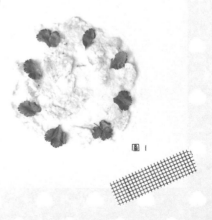

圖 1

芋頭包
Taro Buns

酥脆的餅皮，
包裹著香甜的芋頭餡。

Sala Plate

Quantity

份量
6 人份 (24 份)

媽咪小叮嚀 Mama's Tips

春卷皮一定要是當天新鮮現做的,才能直接食用,若是隔夜的春卷皮,則需加熱後才能食用。

Ingredients

材料
芋頭 400 克、春卷皮 12 張、鳳梨丁 60 克、紅豆粒
60 克、麵粉 1 大匙、水 1 大匙、炸油適量
(1) 細糖 60 克、太白粉 2 大匙、奶粉 2 大匙

做法
How To Make

圖 1

01　芋頭去皮切大塊,以大火蒸 20 分鐘,取出趁熱搗成泥狀。

02　加入材料 (1) 拌勻即成餡料。

03　攤開春卷皮,先對切成半圓型,再切掉半圓型的圓弧,形成長條狀 (圖 1)。

04　每片餅皮上放入 1 大匙左右的芋泥,再分別放入鳳梨和紅豆 (圖 2),折起成三角形,封口處以麵糊水沾黏 (圖 3、圖 4)。

05　此時準備廚房紙巾、瀝油撈網和預熱炸油,當竹筷子伸入油鍋內,筷子旁出現小泡泡時,代表熱度已足夠。

06　把做法 04 分次小心地放入鍋中油炸,炸至表面金黃上色時起鍋,放在廚房紙巾上吸乾多餘的油份,略降溫後即可食用。

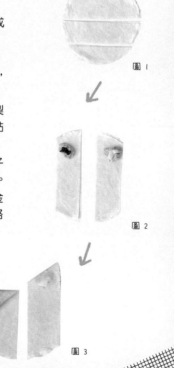

圖 2

圖 4　　圖 3

香芋絲
Taro Stick

炸過的芋頭絲香氣十足，
口感也相當棒。

媽咪小叮嚀 Mama's Tips

芋頭去皮後切成絲，分成小
包放入冷凍，之後要做點心
時，再取出所需的量即可，
省時又方便。

做法
How To Make

01 芋頭去皮切細絲，撒上細糖、鹽，
靜置一會兒讓芋頭出水。

02 此時預熱炸油，當竹筷子伸入油
鍋內，筷子旁出現小泡泡時，代表
熱度已足夠。

03 小心地把芋頭絲放入鍋中油炸，
炸到油鍋內的油泡變少時立刻起
鍋，放在紙巾上瀝乾油份後，即可
食用。

ages 食用年齡
2 歲以上

Quantity 份量
4 人份

Ingredients 材料
新鮮芋頭 200 克、細糖 30 克、鹽 1/2 小匙、炸油
適量

地瓜 QQ 球
Sweet Potato Ball

媽咪小叮嚀 Mama's Tips

1. 水的份量必須自己斟酌，如果是使用烤地瓜，則水分較少，麵糰會顯得比較乾；但是如果是使用蒸的地瓜，麵糰可能會變得比較濕黏。

2. 如果沒有炸熟，地瓜球撈起後表面會皺縮，也影響口感。

做法
How To Make

01 準備炸油、廚房紙巾和瀝油撈網。

02 將材料（1）混合攪拌，直到糖溶化。

03 加入材料（2）繼續攪拌，成糰後移到桌面上搓揉，直到變成均勻柔軟的麵糰。

04 麵糰不需要鬆弛，先分成每個約 110 克的糰狀，再搓揉成等長的條狀，用刀子直接分割成 60 個等份，搓圓。

05 此時預熱炸油，當竹筷子伸入油鍋內，筷子旁出現小泡泡時，即代表熱度已足夠。

06 小心地把地瓜糰放入油鍋內，炸到表面變乾且金黃上色，炸的過程中以鍋鏟輕壓 3 ～ 4 次，可以使地瓜球脹大。

QQ 的口感加上地瓜特有的香甜，是廣受喜愛的小點心

ages 食用年齡
2 歲以上

Quantity 份量
10 人份（60 個）

Ingredients 材料
炸油適量
（1）細糖 40 克、水 80 ～ 100c.c.
（2）糯米粉 120 克、地瓜粉 40 克、泡打粉 1/4 小匙、地瓜泥 150 克

糯米球
Glutinous Rice Ball

糯米球 QQ 的口感讓
人停不下口！

媽咪小叮嚀 Mama's Tips

仔細搓揉糯米粉糰，炸好的
點心口感會更好。

ages 食用年齡
3 歲以上

Quantity 份量
5 人份 (10 個)

Ingredients 材料
生白芝麻 100 克、市售紅豆沙餡 150 克、
炸油適量
(1) 水 100 c.c.、細糖 50 克、糯米粉 150 克、
沙拉油 1 大匙

做法
How To Make

01 將材料 (1) 的水和糖先放入盆中
攪拌溶化，糯米粉和油再加入混
合搓揉成糰，接著均分成每個 30
克的小麵糰。

02 紅豆沙餡分成每個 15 克的小糰，
搓圓。

03 每個小麵糰包入一個紅豆沙餡，
表面沾裹白芝麻粒。

04 準備廚房紙巾、瀝油撈網和預熱
炸油，當竹筷子伸入油鍋內，筷
子旁出現小泡泡時，代表熱度已
足夠。

05 把做法 03 分次小心地放入鍋中
油炸，炸至表面金黃上色時起鍋，
放在廚房紙巾上吸乾多餘的油份，
待略降溫即可食用。

果醬球
Jam Ball

媽咪小叮嚀 Mama's Tips

因為是將 2 塊麵糰相黏,
所以果醬的量不要過多。

夾入果醬的小巧點心,
做法一點都不複雜呢!

做法
How To Make

01　在兩片小麵糰之間夾入果醬,再將
　　收口捏緊。

02　此時預熱炸油,當竹筷子伸入油鍋
　　內,筷子旁出現小泡泡時,代表熱
　　度已足夠。

03　小心地把做法 01 放入油鍋內,炸
　　至表面金黃上色時撈起,放在紙巾
　　上瀝乾油份,略降溫後即可食用。

ages　食用年齡
　　　 2 歲以上

Quantity　份量
　　　　　3 人份

Ingredients　材料
　　　　　　 麵糰材料與 p.113 白糖多拿滋相同
　　　　　　 甜橘香柚果醬 2 大匙、炸油適量

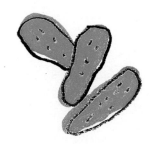

地瓜
sweet Potato

　　地瓜含有豐富的澱粉、膳食纖維、胡蘿蔔素和維他命 A、C，是一年四季都可以輕易取得的好食材，不論是煮飯、煮粥、煮麵，只要加入地瓜，便營養倍增。很多寶寶因為水份和纖維攝取量不足，有時會發生便秘的情況，因此從寶寶開始吃副食品時，就要不時地給予寶寶適量的地瓜當作點心，以促進腸胃蠕動。地瓜和馬鈴薯都是屬於根莖類食物，雖然放在室溫下久了就容易長芽，卻也不適合放入冰箱冷藏。因此，控制所需的量是最佳的辦法，或是將吃不完的地瓜蒸熟搗成泥，分袋冷凍保存，想吃的時候隨時取出烹調，是絕佳的保存辦法。

　　地瓜香甜可口，小朋友的接受度相當高，p.133 有 3 道食譜，做法容易又美味！

菜色 1 地瓜小米粥

材料 Ingredients： 小米 1/2 個量米杯、白米 1 個量米杯、地瓜 100 克、水 600c.c.

做法 How To Make： 1. 小米和白米洗淨，混合浸泡清水約 2 個小時，瀝乾後放入鍋中，並倒入水。
2. 地瓜去皮刨成絲，加入鍋中。可以使用電鍋或是瓦斯爐來烹調，如果是使用電鍋，外鍋須倒入 1 杯份量外的水。
3. 若是以瓦斯爐直接加熱，要注意米粒黏在鍋底，或是避免米湯液出，需要隨時站在爐火邊攪拌與觀察。確認米粒煮熟以後即可關火，待降溫後品嚐。

菜色 2 地瓜巧克力

材料 Ingredients： 苦甜巧克力 200 克、地瓜泥 100 克、無糖動物性鮮奶油 50c.c.、防潮可可粉適量

做法 How To Make： 1. 苦甜巧克力隔水加熱融化，離火。加入地瓜泥和鮮奶油拌勻，倒入方形淺盒中等待降溫凝固，或是放在冷凍庫快速結凍。
2. 將巧克力脫模，切成小口狀，表面裹上防潮可可粉即可。

菜色 3 地瓜千層酥派

材料 Ingredients： 市售冷凍酥皮 4 片、地瓜泥 300 克、黑糖 50 克、蛋黃 2 個、蛋液少許

做法 How To Make： 1. 地瓜泥、黑糖和蛋黃混合拌勻，分成四等份放在酥皮的中間。把酥皮的四個角向中心點折入，並且角角互相重疊，也可以用手指頭用力地壓下，防止烘烤過程中酥皮攤開。
2. 在酥皮表面塗抹蛋液，放入烤箱以 200℃烘烤 10 分鐘即可。

CHAPTER 04

最消暑!冰冰涼涼點心

炎炎夏日，逼退暑氣的妙方
就是來點冰冰涼涼的點心，
水蜜桃西米露、柳橙優格冰砂、
洋菜冰果室清涼又爽口，
一口接著一口，讓人好滿足，
當然，
還不能少了小朋友最愛的冰淇淋囉！

微酸的奇異果搭配口感輕盈
的慕斯，味道清爽不膩口，
且含有滿滿的維他命 C。

奇異果慕斯
Kiwi Mousse

使用純鮮奶提煉的動物性鮮奶油，是香醇的來源。

ages	**食用年齡** 2 歲以上
Quantity	**份量** 2 人份
Ingredients	**材料** 吉利丁 4 片、原味優格 100 克、草莓適量 (1) 奇異果泥 200 克、蜂蜜 1 大匙 (2) 鮮奶油 100 克、細糖 1 大匙 (3) 吉利丁 2 片、細糖 20 克、新鮮奇異果泥 150 克

做法 How To Make

01　準備一個透明的容器。

02　材料 (1) 隔水加熱直到微溫，關火；吉利丁浸泡冷開水
　　軟化，取出擰乾水份後加入其中，攪拌至吉利丁融化，
　　接著加入優格。（圖 1）

03　混合材料 (2)，用電動打蛋器攪拌至鮮奶油開始變成固
　　態，即停止攪打，再加入做法 02 混合拌勻，即成慕斯。
　　（圖 2）

04　把慕斯倒入準備好的容器內整平，蓋上保鮮膜放入冰箱
　　冷凍，直到凝固。

05　把材料 (3) 的吉利丁浸泡冷開水軟化，取出擰乾水份；
　　細糖和奇異果泥混合攪拌加熱直到糖溶化，吉利丁加入
　　攪拌融化，隔冰水降溫直到摸起來涼涼的。

06　把做法 05 倒入凝固的慕斯表面，放入冷凍庫等待凝固，
　　最後草莓切小塊擺放在表面作裝飾。

圖 1

圖 2

焦糖布丁
Caramel Pudding

香甜滑溜的布丁是小朋友的最愛，焦糖
與香草讓布丁的滋味更加豐富。

ages
食用年齡
2 歲以上

Quantity
份量
4 人份

Ingredients
材料
(1) 細糖 100 克、水 25c.c.
(2) 鮮奶 500c.c.、細糖 65 克、雞蛋 250 克、香草精 1/4 小匙

媽咪小叮嚀 Mama's Tips

1. 烤布丁時務必使用低溫，以免烤好的布丁組織中出現孔洞。
2. 布丁如果在上述建議的時間內尚未烤熟，可能是家中的烤箱溫度較低或是其他因素，這時只要繼續烘烤即可，只是每十分鐘就要檢查一遍，以免烤過頭。
3. 沒吃完的布丁先不用脫模，直接蓋上鋁箔紙冷藏即可，但是通常媽咪們自製的愛心布丁，應該都會以秒殺的速度被吃光，因為實在太好吃了！

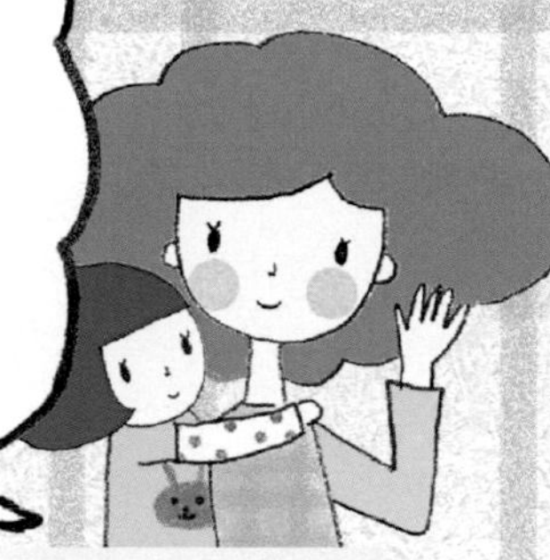

做法 How To Make

01 準備 4 個可烘烤的布丁杯模型，放入有深度的烤盤，烤盤內注入熱水。
02 將材料 (1) 放入鍋中，以小火煮到糖溶化沸騰且呈琥珀色時關火。
03 把焦糖平均地倒入模型中，此時模型會變得很燙，千萬不要碰觸 (圖 1)。
04 此時烤箱預熱至 160℃。
05 把材料 (2) 的鮮奶和糖放入煮焦糖的鍋中，以小火加熱，煮到糖溶化即可關火。
06 將香草精加入牛奶中拌勻。
07 蛋打散，把做法 06 分次加入與蛋液混合拌勻，再使用細目濾網過濾掉粗粒泡泡，即成布丁蛋液。(圖 2)
08 將布丁蛋液平均地倒入模型內，約九分滿，蓋上鋁箔紙，放入烤箱烘烤 30 分鐘。(圖 3)
09 確認布丁的中間已烤熟，也就是晃動烤模時中間部份已凝固而非液態，即代表烤熟了。
10 取出烤好的布丁，降溫後放入冰箱冷藏。
11 取出布丁的方式，是用一支細牙籤沿著模型和布丁之間劃過，手輕輕地撥開布丁與烤模間的縫，讓空氣進入，接著翻轉倒扣烤模，即可順利取出布丁。

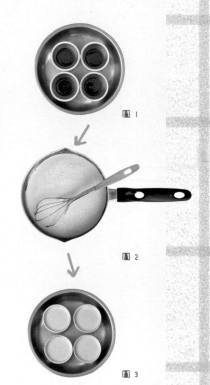

圖 1

圖 2

圖 3

南瓜布丁香甜滑溜，色澤也很漂亮。

南瓜布丁
Pumpkin Pudding

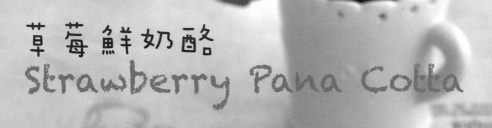

草莓鮮奶酪
Strawberry Pana Cotta

將滋味酸甜的新鮮草莓與牛奶
做成鮮奶酪,兩者交織出的風
味相當棒。

南瓜布丁
Pumpkin Pudding

 ages 食用年齡
2 歲以上

 Quantity 份量
2 人份

Ingredients 材料
去皮的南瓜 200 克、鮮奶 240c.c.、
細糖 30 克、吉利丁 3 片、巧克力醬
適量、南瓜片適量

媽咪小叮嚀 Mama's Tips

台灣整年都有便宜又好吃的
本土南瓜，還有各式的進口
南瓜，南瓜的優點實在太多
了，當然要把它拿來做成誘
人的布丁給貝比品嘗！

做法
How To Make

01　南瓜切塊煮軟，與鮮奶、細糖放入果汁機攪打均勻。

02　過篩之後倒入鍋中，以小火邊加熱邊攪拌，沸騰後
　　關火。

03　吉利丁浸泡冷開水軟化，取出擰乾，放入做 02 攪
　　拌溶化，接著隔冰水降溫，這時候要邊攪拌。

04　當材料摸起來冰冰涼涼的時候，就可以倒入容器內，
　　再蓋上保鮮膜，放入冰箱冷藏凝固。

05　表面以融化的巧克力和南瓜片作裝飾。

營養 memo
南瓜含有豐富的 β-胡蘿蔔
素、維他命 C，鋅含量也很
高。南瓜的味道香甜，小朋
友普遍都能接受。

草莓鮮奶酪
Strawberry Pana Cotta

ages
食用年齡
2 歲以上

Quantity
份量
4 人份

Ingredients
材料
吉利丁 5 片
(1) 鮮奶 250c.c.、鮮奶油 250c.c.、
細糖 2 大匙、新鮮草莓 250 克

媽咪小叮嚀 Mama's Tips

也可以改用椰奶來取代鮮奶油，或是加入煉乳，滋味更香甜！

做法
How To Make

01 將材料 (1) 放入果汁機打勻，倒入鍋中以小火加熱至微溫，也就是鍋邊的牛奶開始準備冒泡泡的程度時，關火。

02 將吉利丁放入冷開水浸泡軟化，接著取出擰乾，放入做法 01 趁溫熱攪拌溶化，再隔冰水降溫，即成奶酪液。

03 把奶酪液倒入準備好的小杯子裡，降溫後蓋上保鮮膜，放入冰箱冷藏凝固後即可取出品嘗。

營養 memo
酸酸甜甜的草莓，很受小朋友歡迎，它含有豐富的維他命 C、纖維質和有機酸，能增強抵抗力和幫助孩童排便。

南瓜
Pumpkin

　　南瓜含有豐富的水分、礦物質鉀、鋅和胡蘿蔔素，同時也含有鈣、磷、蛋白質和維他命 C。從中醫的觀點來看，南瓜有潤肺止咳、補中益氣的作用，所以在季節變換的時候，聰明的媽媽們不妨多烹煮南瓜料理給寶寶品嘗，可以保護寶寶鼻喉肺的黏膜組織，達到預防過敏的功效。

　　南瓜吃起來有淡淡的甜味，但是卻能控制食後血糖升高，這是因為南瓜含有大量的果膠。

　　南瓜屬於一年四季都有的食材，可以放在室溫下保存，只要表面不潮濕，可以放很久也不會腐敗。南瓜是大人小孩都非常適合食用的好食物，有機南瓜甚至可以連皮帶籽吃下去，但是首要條件是家中必須要有一台超高速運轉的果汁機。

　　南瓜好取得價格又不貴，做點心、入菜都很合適，p.145 有 3 道好吃又營養的南瓜食譜，媽咪們可以試著做做看！

菜色 1

起司南瓜

材料 Ingredients：　南瓜 400 克、奶油乳酪 100 克、披薩起司 50 克、蛋黃 1 個、牛奶 50c.c.

做法 How To Make：　1. 南瓜切小塊，入滾水汆燙，確認軟爛之後撈起瀝乾，放在焗烤皿內。
2. 將奶油乳酪放入攪拌盆，加入蛋黃和牛奶後，用電動打蛋器攪拌軟化。
3. 把做法 2. 起司糊鋪在南瓜上，最後撒上披薩起司，放入烤箱以 220℃烘烤 10 分鐘即可。

菜色 2

南洋風味布丁

材料 Ingredients：　南瓜 1 顆（約 2 斤重）、椰漿 400c.c.、雞蛋 3 個、細紅糖 60 克

做法 How To Make：　1. 南瓜切半取出籽，先將椰漿、雞蛋和細紅糖混合拌勻，再倒入南瓜內。
2. 把南瓜放入蒸鍋內，以中火蒸約 40 分鐘，確認南瓜熟透且布丁凝固即可。

菜色 3

南瓜湯

材料 Ingredients：　南瓜 400 克、胡蘿蔔 100 克、腰果 1 個量米杯、水 800c.c.、鹽 1 小匙

做法 How To Make：　1. 南瓜和胡蘿蔔切小塊，放入鍋中，加水煮熟。
2. 取出材料和湯汁，分次和腰果倒入果汁機內打成汁，最後加鹽調味即可。

洋菜冰果室
Agar Fruit Jelly

清爽滑口，
好適合炙熱的夏天！

媽咪小叮嚀 Mama's Tips

1. 洋菜粉和糖粉要在乾粉的狀態下先混合，這樣可以混合得更均勻。

2. 剩餘的果凍切碎後，一樣可以搭配碎冰食用。

ages 食用年齡
2 歲以上

Quantity 份量
2 人份

Ingredients 材料
(1) 蕃茄汁 100c.c.、水 100c.c.、細糖 15 克、洋菜粉 1/4 小匙
(2) 柳橙汁 100c.c.、水 100c.c.、細糖 15 克、洋菜粉 1/4 小匙
(3) 綠茶粉 1/4 小匙、水 200c.c.、細糖 35 克、洋菜粉 1/4 小匙
可食用碎冰適量、搭配用煉乳 3 大匙、塗抹用沙拉油少許

做法
How To Make

01 　準備三個淺盤，內部塗抹少許的沙拉油。

02 　將材料 (1)、(2) 的果汁和水分別倒入鍋中，洋菜粉和糖
　　拌勻後加入，以小火煮到沸騰。

03 　關火，倒入淺盤待降溫凝固，冷藏備用。

04 　材料 (3) 的綠茶粉先和少許份量內的水混勻，再加入所
　　有的水混合成綠茶液。洋菜粉和糖拌勻後加入，並以小
　　火煮到沸騰。

05 　關火，倒入淺盤待降溫凝固，冷藏備用。

06 　小心地將凝固的洋菜片倒扣在乾淨的砧板上，再用可愛
　　的造型壓模壓出形狀。

07 　準備一些碎冰鋪在碗內，淋上煉乳，把洋菜凍鋪在碎冰
　　上即可品嘗。

營養 memo
洋菜透明、無味，通常作
為凝固劑，含有大量的食
物纖維，有助於改善便秘、
幫助排便。

西瓜雪凍
Watermelon Jelly

爽口的西瓜雪凍，趕跑夏天的炎熱。

媽咪小叮嚀 Mama's Tips

圖片中當作西瓜皮的是洋菜冰果室的綠茶洋菜凍,西瓜子用的則是芝麻粒。

ages 食用年齡
2 歲以上

Quantity 份量
4 人份

Ingredients 材料
(1) 蛋白 1 個、糖粉 20 克、吉利丁 2 片
(2) 西瓜汁 200c.c.、吉利丁 1 片

做法
How To Make

01 準備高腳杯或是其他容器。

02 將蛋白和糖粉放入攪拌盆,用打蛋器仔細打至顏色變白、質地黏稠的蛋白糊(圖1)。

03 吉利丁泡冷開水軟化,取出擰乾,隔水加熱融化,再加入蛋白糊拌勻。

04 把做法 03 倒入杯子或容器內(圖2、圖3),蓋上保鮮膜放入冰箱冷藏直到凝固。

05 材料 (2) 的西瓜汁隔水加熱至微溫,關火;吉利丁泡冷開水軟化,取出擰乾後放入西瓜汁攪拌至吉利丁溶化,此時立刻隔冰水降溫,直到西瓜液摸起來涼涼的。

06 取出凝固的做法 04,把西瓜液倒入冷藏,直到凝固。

07 取出西瓜雪凍,即可品嘗。

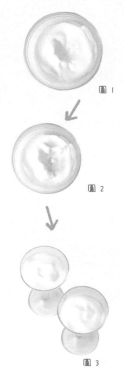

圖 1

圖 2

圖 3

芋圓 & 地瓜圓綠豆湯
Taro Ball & Sweet Potato Ball Mung Bean Soup

把 QQ 的芋圓、地瓜圓加入綠豆湯中，好吃又消暑。

媽咪小叮嚀 Mama's Tips

夏天的時候好媽咪當然要時常準備一鍋冰鎮綠豆湯，既消暑又解渴！如果在綠豆湯內又加入媽咪的愛心圓子，相信貝比會更開心吧！

做法
How To Make

01 將芋頭、地瓜蒸熟，趁熱分別搗成泥。

02 材料 (1) 的粉類與芋頭混合揉成不黏手的糰，如果太乾就酌量加一點水，每次一大匙。

03 材料 (2) 的粉類與地瓜混合揉成不黏手的糰，如果黏手就多加一點地瓜粉。

04 成糰後分別整成條狀，再分切成小塊，撒上太白粉放在保鮮盒，以盡量不重疊的方式放入冰箱冷凍，可保鮮 3 個禮拜。

05 食用前先煮開一鍋水，放入適量的芋圓和地瓜圓，邊攪動邊煮，煮到材料浮起、呈略透明狀即可起鍋，再加入綠豆湯裡一起品嘗。

ages 食用年齡
4 歲以上

Quantity 份量
2 人份

Ingredients 材料
防黏用太白粉適量、煮好的冰鎮綠豆湯 500c.c.
(1) 去皮芋頭 300 克、糖粉 35 克、地瓜粉 130 克、日本太白粉 20 克
(2) 去皮地瓜 300 克、地瓜粉 150 克、日本太白粉 20 克

水蜜桃西米露
Coconut Milk With Peach Juice

媽咪小叮嚀 Mama's Tips

西谷米煮沸後即可關火，但是加蓋燜熟的動作不能省略！

椰奶跟西米露相當搭，充滿了南洋氣息。

做法
How To Make

01 將西谷米放入滾水以小火慢煮，煮到米粒外圍透明、浮起即可關火，蓋鍋蓋續燜，直到米粒膨脹且完全透明。

02 椰奶、鮮奶和糖混合攪拌直到糖溶化，西谷米撈起瀝乾加入其中。

03 水蜜桃放入果汁機打成泥，加入混合攪拌均勻，蔓越莓乾切碎加入，即可品嘗。

ages 食用年齡
2 歲以上

Quantity 份量
2 人份

Ingredients 材料
西谷米 1/2 杯、椰奶 1 杯、鮮奶 1/2 杯、細糖 2 大匙、罐頭水蜜桃 300 克、蔓越莓乾 1 小匙

紫米八寶粥
Purple Rice Mixed Sweet Rice Porridge

加入了許多配料，貝比肚子餓時，只要吃一碗就很飽足。

1. 椰奶加入的量，大約是一碗八寶粥加 15c.c. 左右，葡萄乾的量則是 4～5 顆，這兩樣食材皆屬於點綴性質，量不需太多，但卻有畫龍點睛的功效。
2. 八寶粥一定要煮出黏性才好吃，如果水分太多會失去該有的口感。如果擔心芋頭會讓粥變得糊糊的，也可以另外放置，再由家人自由添加。

做法
How To Make

01 材料 (1) 的米混合洗淨，浸泡份量外的清水約 6 個小時，泡完後瀝乾水份放入鍋中，加水 1,500c.c.，煮到米粒完全熟透。

02 材料 (2) 的芋頭丁另外以滾水汆燙，在八寶粥起鍋前的最後 10 分鐘加入共煮。

03 在加糖之前務必先確認所有材料都煮至軟爛後才加入糖，煮到糖溶化即可關火，待降溫後加葡萄乾品嘗。

ages 食用年齡
2 歲以上

Quantity 份量
6 人份

Ingredients 材料
搭配用的葡萄乾和椰奶適量
(1) 八寶米 120 克、紫米 30 克、水 1,500c.c.
(2) 芋頭丁 150 克、細糖 90 克

花生杏仁奶凍
Peanut Apricot Milk Jelly

媽咪小叮嚀 Mama's Tips

1. 如果以吉利丁取代洋菜，則使用 6～7 片吉利丁，先浸泡冷開水軟化，取出擰乾，加入煮滾後降溫至 60℃ 左右的花生杏仁奶，並攪拌融化。
2. 如果使用超強馬力果汁機攪打，則可以不濾掉渣渣。

是道健康、營養的點心，好吃又滿足！

做法
How To Make

01 花生仁浸泡份量外的清水約一天，然後取出瀝乾備用。

02 乾洋菜洗淨浸泡份量外的清水，直到軟化，再取出切碎備用。

03 準備容器，容器內部塗抹薄薄的沙拉油。

04 把花生、杏仁粉和水放入果汁機仔細打勻，再用豆漿濾渣袋過濾出汁液。

05 將濾出的花生杏仁汁倒入鍋中，加洋菜煮到沸騰且洋菜溶化，關火加糖和鮮奶，攪拌至糖溶化。

06 把材料透過細目篩網倒入容器內，降溫後放入冰箱冷藏直到凝固，可用挖取的方式將奶凍舀入碗中，也可以直接切片品嘗。

ages 食用年齡
2 歲以上

Quantity 份量
4 人份

Ingredients 材料
乾洋菜 5 克、塗抹用沙拉油少許、花生仁 100 克、杏仁粉 75 克、水 600c.c.、細糖 35 克、鮮奶 400c.c.

柳橙優格冰砂
Orange Yogurt Sherbet

消暑的柳橙優格冰砂，
夏天來一杯最棒了！

媽咪小叮嚀 Mama's Tips

1. 冰砂一定要經過「刮」的動作，口感才會綿密好吃。
2. 自製的冰砂沒有添加物，保存期限約 5 天左右。

做法
How To Make

01　準備一個方形容器。

02　柳橙果肉去籽和白膜，切小塊。

03　將材料 (1) 倒入鍋中煮到沸騰，關火待涼。

04　加入材料 (2) 入果汁機攪拌均勻，倒入容器中，放入冰箱冷凍直到凝固。

05　取出做法 04，用湯匙刮成鬆散狀，再次冷凍；再重複此一動作兩遍，即可用冰淇淋勺挖取冰砂，品嘗。

---

ages 食用年齡
2 歲以上

Quantity 份量
2 人份

Ingredients 材料
(1) 水 50c.c.、細糖 35 克
(2) 柳橙汁 200c.c.、原味優格 100 克、柳橙果肉 150 克

營養 memo
柳橙是種經濟實惠的水果，富含維他命 C，有助於增進抵抗力，生物類黃酮則可以幫助人體對抗毒素。

豆奶優格
Soybean Yogurt

做法
How To Make

01　把無糖豆漿倒入鍋煮，沸騰後關小火續滾 1 分鐘，關火。

02　等豆漿降溫至 60℃ 左右，取出 100c.c. 的豆漿，加入活寡糖和優格菌，仔細攪拌，再倒回原豆漿中混合。

03　把豆漿放在溫暖處發酵，夏天約 12 個小時，冬天約 24 個小時，當豆漿凝固，即代表優格製作成功，此時將豆奶優格移入冰箱冷藏，食用時可搭配新鮮水果或黑糖，但是不建議搭配蜂蜜。

使用高營養價值的豆漿來做優格，自然是健康滿點囉！

ages　食用年齡　2 歲以上

Quantity　份量　4 人份

Ingredients　材料
無糖豆漿 800 ～ 900c.c.、優格乳酸菌 1 克（1 包）、活寡糖 25 克

水果多多聖代
Fruit Sundae

豐富的新鮮水果，
讓聖代吃起來更有層次感。

ages
食用年齡
2 歲以上

Quantity
份量
2 人份

Ingredients
材料
巧克力冰淇淋適量、鳳梨、木瓜、奇異果、草莓適量
(1) 新鮮草莓 150 克、檸檬汁 1/2 大匙、蜂蜜 1 小匙

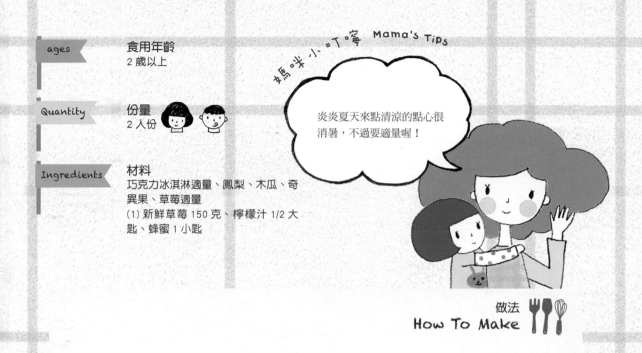

媽咪小叮嚀 Mama's Tips

炎炎夏天來點清涼的點心很消暑,不過要適量喔!

做法
How To Make

01　將材料 (1) 的草莓去蒂頭,與檸檬汁和蜂蜜放入果汁機打勻,即成草莓糖漿。

02　把糖漿倒入杯子底部,放入冰箱冷藏。

03　將冰淇淋舀入杯中,上面擺放新鮮的水果切片即可品嚐。

營養 memo

台灣是水果王國,一年四季都能品嚐到多種水果,香甜的水果是促進小朋友食慾的妙招。這道點心中用到的草莓、檸檬、鳳梨、木瓜、奇異果,都含有豐富的維他命 C,能提高人體的免疫力。

綜合冰淇淋
Ice Cream

一次吃得到三種口味的綜合冰淇淋，
貝比一定很喜歡！

ages

食用年齡
2 歲以上

Quantity

份量
4 人份

Ingredients

材料
香草冰淇淋
玉米粉 1 大匙、鮮奶油 100c.c.、細糖 15 克
(1) 蛋黃 2 個、細糖 30 克
(2) 牛奶 100c.c.、鮮奶油 65c.c.、香草精 1/2 小匙
草莓冰淇淋
玉米粉 1 大匙、鮮奶油 100c.c.、細糖 15 克
(1) 蛋黃 2 個、細糖 30 克
(2) 牛奶 100c.c.、鮮奶油 65c.c.、新鮮草莓泥 250 克

巧克力冰淇淋
玉米粉 1 大匙、鮮奶油 100c.c.、細糖 15 克
(1) 蛋黃 2 個、細糖 30 克
(2) 牛奶 100c.c.、鮮奶油 65c.c.、烘焙用可可粉 1 小匙

做法
How To Make

01　先製作香草冰淇淋。將材料 (1) 放入攪拌盆中，以隔水加熱的方式攪拌，直到材料顏色變淡、質地黏稠。

02　玉米粉過篩後加入拌勻。

03　將材料 (2) 放入果汁機混合攪打，倒入鍋中加熱沸騰，倒入做法 02 混合，再倒回鍋中以小火邊加熱邊攪拌，直到材料濃稠、沸騰。

04　關火後立刻隔冰水降溫，邊降溫邊攪拌，直到材料摸起來冰涼為止。

05　準備方形容器，將做法 04 倒入容器內入冰箱冷凍凝固。

06　取出做法 05，用湯匙刮成泥狀。

07　鮮奶油和細糖混合，用電動打蛋器攪拌直到鮮奶油開始變成濃稠的固態，即停止攪拌。

圖 1

08　把鮮奶油加入做法 06 中混合攪拌均勻（圖 1），倒回容器後，放入冰箱冷凍凝固。

09　取出結凍的冰淇淋，用湯匙刮成泥狀。

10　再重複兩次這個動作，即可用冰淇淋勺挖取品嘗。

11　草莓冰淇淋和巧克力冰淇淋的做法都一樣。

山藥冰淇淋
Yam Ice Cream

清爽的山藥冰淇淋，
吃起來毫無負擔！

媽咪小叮嚀 Mama's Tips

製作冰淇淋的時候，務必使用可以加熱的動物性鮮奶油。

ages 食用年齡
2 歲以上

Quantity 份量
2 人份

Ingredients 材料
葡萄乾 60 克、鮮奶油 100c.c.、細糖 1 大匙
(1) 蛋黃 2 個、細糖 30 克
(2) 牛奶 100c.c.、鮮奶油 65c.c.、山藥 100 克（去皮，日本山藥或台灣山藥皆可）

做法
How To Make

01　將材料 (1) 放入攪拌盆，以隔水加熱的方式攪拌，直到材料顏色變淡、質地黏稠。

02　將材料 (2) 放入果汁機混合攪打，倒入鍋中加熱沸騰後，倒入做法 01 混合，再倒回鍋中以小火邊加熱邊攪拌，直到材料濃稠、沸騰。

03　關火後立刻隔冰水降溫，邊降溫邊攪拌，直到做法 02 摸起來冰涼為止。

04　準備方形容器，將做法 03 倒入容器內，再放入冰箱冷凍凝固。

05　取出做法 04，用湯匙刮成泥狀。

06　混合鮮奶油和細糖，用電動打蛋器攪拌，直到鮮奶油開始變成濃稠的固態，此時即停止攪拌。

07　把做法 06、葡萄乾加入做法 05 中混合攪拌均勻（圖1），再倒回容器內，並放入冰箱冷凍凝固成冰淇淋。

08　取出冰淇淋，用湯匙刮成泥狀。

09　再重複兩次這個動作，即可用冰淇淋勺挖取品嘗。

圖 1

紅豆牛奶冰棒
Red Bean Milk Popsicle

冰冰涼涼的紅豆牛奶冰棒，
讓熱氣消散得無影無蹤。

媽咪小叮嚀 Mama's Tips

當貝比看到媽咪親手製作的
紅豆冰棒，一定都會高興得
拍手歡呼，也可以親子一起
動手做，增加貝比的期待。

做法
How To Make

01 將材料（1）的牛奶和煉乳混勻，再
和玉米粉混合拌勻，放入鍋中以小
火加熱攪拌，過程中用湯匙把紅豆
略壓碎後加入，沸騰後再煮 1 分
鐘，關火，立刻隔冰水降溫，直到
摸起來涼涼的，接著將紅豆料平均
倒入模型內冷凍。

02 等待紅豆料約 7 成結凍的時候，
每個模型插入一支棒子，再放入冰
箱冷凍。

03 在材料（2）的牛奶裡加入煉乳和香
草精，接著加入玉米粉混合拌勻，
放入鍋中以小火加熱攪拌，沸騰後
關火，立刻隔冰水降溫，直到材料
摸起來涼涼的，倒入模型至 9 分
滿，放入冰箱冷凍直到凝固。

04 取出模型，浸泡在熱水裡，待略
退冰即可以取出品嘗。

ages 食用年齡
3 歲以上

Quantity 份量
2 人份

Ingredients 材料
（1）水煮紅豆 75 克、煉乳 15 克、牛奶 75 克、玉
米粉 1/2 大匙
（2）牛奶 135 克、煉乳 15 克、香草精 1/4 小匙、
玉米粉 1/2 大匙

薄荷巧克力雪糕
Mint Chocolate Ice Cream

媽咪小叮嚀 Mama's Tips

做法滿簡單的，可以讓小朋友試著幫忙。

薄荷巧克力與香草冰淇淋是趕走暑氣的絕妙組合！

做法
How To Make

01　將巧克力餅乾放入塑膠袋內壓碎，並切碎薄荷口味的巧克力，接著把餅乾、冰淇淋（做法可參照 p.159）和巧克力混合拌勻。

02　準備容器，把做法 01 的材料填入容器中抹平，並插入竹棒。

03　放入冰箱冷凍，直到凝固。

04　取出凝固的雪糕，即可品嘗。

ages 食用年齡
2 歲以上

Quantity 份量
2 人份

Ingredients 材料
巧克力餅乾 100 克、巧克力冰淇淋 250 克、薄荷口味巧克力 60 克

奇異果香蘋汁
Kiwi Apple Juice

鳳梨百香果多多
Pineapple Granadilla Yakult

做法簡單又好喝，
可以試著讓貝比一起動手做！

ages　食用年齡　Quantity　份量
　　　　2歲以上　　　　　　2人份

媽咪小叮嚀 Mama's Tips

可以改用牛奶、優酪乳取代養樂多。

Ingredients　材料
　　　　　　果寡糖 1 大匙
　　　　　　(1) 鳳梨 50 克、百香果 1 顆、養樂
　　　　　　多 50c.c.、冷開水 150c.c.

鳳梨百香果多多

做法
How To Make

01　鳳梨切小塊，百香果切半取出籽和果汁，將材料 (1) 放入果汁機攪打。
02　加入果寡糖拌勻。
03　倒入果汁杯加冰塊即可飲用。

ages　食用年齡　Quantity　份量
　　　　2歲以上　　　　　　2人份

媽咪小叮嚀 Mama's Tips

奇異果含有植物性蛋白質、維生素 C 和礦物質，可以幫助體內的肉類消化，促進腸道蠕動。

Ingredients　材料
　　　　　　奇異果肉 75 克、香蕉 50 克、蘋果
　　　　　　汁 50c.c.、冷開水 150c.c.

奇異果香蘋汁

做法
How To Make

所有材料放入果汁機攪打均勻，倒入果汁杯加冰塊即可飲用。

鳳梨木瓜椰奶汁
Pineapple Papaya Coconut Milk Juice

貴族可可奶茶
Chocolate Milk Tea

熱呼呼的可可奶茶，
讓週遭空氣都跟著香甜起來。

沒有什麼食慾時，
就來杯鳳梨木瓜椰奶汁吧！

ages 食用年齡
2 歲以上

Quantity 份量
2 人份

媽咪小叮嚀 Mama's Tips

Ingredients 材料
鳳梨 50 克、木瓜果肉 50 克、冷開水 100c.c.、椰奶 50c.c.、果寡糖 1 大匙

酸酸甜甜的鳳梨含有特殊的酵素，可以幫助消化，並富含多種維他命、礦物質。

鳳梨木瓜椰奶汁

做法
How To Make

所有材料放入果汁機攪打均勻，倒入果汁杯加冰塊即可飲用。

ages 食用年齡
3 歲以上

Quantity 份量
2 人份

媽咪小叮嚀 Mama's Tips

Ingredients 材料
熱鮮奶 80c.c.、紅茶 1 包、熱水 100c.c.
(1) 苦甜巧克力 15 克、鮮奶油 30 克

可改用沖泡式的可可粉取代苦甜巧克力。

貴族可可奶茶

做法
How To Make

01　將紅茶包放入杯中，沖入熱水浸泡 3 分鐘讓茶汁滲出，接著取出茶包丟棄。

02　混合材料 (1) 並隔水加熱，接著攪拌到巧克力融化，再加入熱鮮奶拌勻。

03　把茶汁和巧克力牛奶混合拌勻，即可飲用。

小紅莓多纖蘋果醬
Cranberry Apple Jam

甜桃黑棗果醬
Peach Dateplum Persimmon Jam

酸酸甜甜的小紅莓與蘋果會譜出什麼變奏曲呢？只要將這款果醬抹在吐司上，就完成簡單又美味的點心。

將粉粉嫩嫩的甜桃做成果醬，更濃縮了香甜的滋味。

ages 食用年齡
2 歲以上

Quantity 份量
全家人（600 克）

製作果醬的懶人法，就是
把所有材料放入電鍋或電
子鍋，加熱完成即可。

Ingredients 材料
果寡糖 25 克、細糖 200 克、洋菜（乾）3 克
(1) 新鮮或冷凍小紅莓 350 克、蘋果 350 克
（去皮、籽和核）

小紅莓多纖蘋果醬

做法
How To Make

01　洋菜洗淨浸泡足量的冷水軟化，取出瀝乾切碎。

02　蘋果切小丁。

03　將材料 (1) 放入鍋中，再加入做法 01 和細糖煮至沸騰、收汁
　　濃稠的狀態，關火。

04　隔冰水降溫，邊降溫邊攪拌，直到材料摸起來涼涼的，接著加
　　入果寡糖拌勻，即可裝入殺菌玻璃瓶，冷藏保存。

ages 食用年齡
2 歲以上

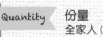

Quantity 份量
全家人（600 克）

果寡糖怕熱，務必等到材
料降溫後再添加。

Ingredients 材料
果寡糖 25 克、細糖 200 克
(1) 加州甜桃 700 克（去籽）、去籽黑棗
乾 75 克、蘋果汁 150c.c.

甜桃黑棗果醬

做法
How To Make

01　甜桃和黑棗切小丁，備用。

02　將材料 (1) 放入鍋中，加細糖煮至沸騰、收汁濃稠的狀
　　態，關火。

03　隔冰水降溫，邊降溫邊攪拌，直到材料摸起來涼涼的，
　　接著加入果寡糖拌勻，即可裝入殺菌玻璃瓶，冷藏保存。

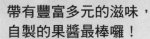

帶有豐富多元的滋味，
自製的果醬最棒囉！

金桔跟葡萄柚做成果醬後沒那麼酸，
卻又保有濃郁的果香。

杏桃百香青檸果醬
Apricot Granadilla Lemon Jam

金桔香柚多纖果醬
Kumquat Grapefruit Jam

ages | 食用年齡
2 歲以上

Quantity | 份量
全家人 (600 克)

Ingredients | 材料
細糖 50 克、檸檬汁 2 大匙
(1) 杏桃乾 400 克、百香果 2 顆、蘋果汁 200c.c.

杏桃百香青檸果醬

做法
How To Make

01　用手將杏桃剝成一半,百香果切半取出果汁和籽。

02　將材料(1)混合浸泡,放入冰箱冷藏直到杏桃乾變軟,約半天至一天。

03　煮到材料沸騰、收汁,加入檸檬汁和細糖再次煮沸,關火。

04　隔冰水降溫,邊降溫邊攪拌,直到材料摸起來涼涼的,即可裝入殺菌玻璃瓶,冷藏保存。

ages | 食用年齡
2 歲以上

Quantity | 份量
全家人 (600 克)

Ingredients | 材料
洋菜(乾)3 克、果寡糖 25 克、細糖 200 克
(1) 金桔 350 克、葡萄柚 2 顆

金桔香柚多纖果醬

做法
How To Make

01　洋菜洗淨浸泡足量的冷水軟化,取出瀝乾切碎。

02　金桔切開去掉中間的膜和籽。葡萄柚去皮、去籽和白膜。

03　將材料(1)放入鍋中,加做法 01 和細糖煮至沸騰、收汁濃稠的狀態,關火。

04　隔冰水降溫,邊降溫邊攪拌,直到材料摸起來涼涼的,接著加入果寡糖拌勻,即可裝入殺菌玻璃瓶,冷藏保存。

2 歲起小朋友最愛的蛋糕、麵包和餅乾
營養食材＋親手製作＝愛心滿滿的媽咪食譜

作者	王安琪
編輯	彭文怡、呂瑞芸
文字校對	連玉瑩
美術完稿	伊萊莎
行銷	呂瑞芸
企劃統籌	李橘
總編輯	莫少閒
出版者	朱雀文化事業有限公司
地址	台北市基隆路二段 13-1 號 3 樓
電話	（02）2345-3868
傳真	（02）2345-3828
劃撥帳號	19234566 朱雀文化事業有限公司
e-mail	redbook@ms26.hinet.net
網址	http://redbook.com.tw
總經銷	成陽出版股份有限公司
ISBN	978-986-6029-25-7
初版一刷	2012.07
定價	320 元

王安琪

從 1990 年開始食譜創作，目前已出版《0～6 歲嬰幼兒營養副食品和主食》、《不失敗西點教室經典珍藏版》、《烤箱新手的第一本書》、《生男生女大補帖》等三十多本暢銷食譜，也常在報章雜誌和網路媒體發表食譜文章。目前除了擔任台灣象印台北天母教室的廚藝老師，更不定期在全省各大百貨公司擔任料理講師。喜歡研究好吃的料理和烘焙，並且開發有益身體健康的點心和菜色。

港澳地區授權出版：Forms Kitchen
地址：香港北角英皇道 499 號北角工業大廈 18 樓
電話：（852）2138-7998
傳真：（852）2597-4003
電郵：marketing@formspub.com
網站：http://www.formspub.com
Facebook：http://www.facebook.com/formspub
港澳地區代理發行：香港聯合書刊物流有限公司
地址：香港新界大埔汀麗路 36 號
中華商務印刷大廈 3 字樓
電話：（852）2150-2100
傳真：（852）2407-3062
電郵：info@suplogistics.com.hk
ISBN：978-988-8178-21-6
出版日期：2012 年 7 月
定價：HK$88.00

出版登記北市業字第 1403 號

2 歲起小朋友最愛的蛋糕、麵包和餅乾：
營養食材＋親手製作＝愛心滿滿的媽咪食譜
/ 王安琪作 . -- 初版 . -- 臺北市：朱雀文化，
2012.07
面； 公分 . -- (Cook50；125)
ISBN 978-986-6029-25-7(平裝)
1.點心食譜
427.16 101011794

For children !!

for children !!